Oliver
Alexander
Kellner

SHOWTIME –

*Standing Ovations
für Ihre Präsentation –
Menschen überzeugen ,
begeistern und bewegen!*

REDLINE WIRTSCHAFT

Oliver Alexander Kellner
Showtime!
Standing Ovations für Ihre Präsentation / Menschen überzeugen, begeistern und
bewegen
Frankfurt: Redline Wirtschaft, 2005
ISBN 3-636-01218-5

Unsere Web-Adresse:
http://www.redline-wirtschaft.de

Umschlag: INIT, Büro für Gestaltung, Bielefeld
Coverabbildung: Getty Images, München
Copyright © 2005 by Redline Wirtschaft, Redline GmbH, Frankfurt/M.
Ein Unternehmen der Süddeutscher Verlag Hüthig Fachinformationen
Satz: Jarmila Böhm, Wien
Druck: Himmer, Augsburg
Printed in Germany

Inhalt

Power-Rhetorik einfach verblüffend – verblüffend einfach

Big-Boss-Entertainment, scheinbare Zufälle und Ihre Komplett-Checkliste

Ein herzliches Dankeschön ...

Buchtipps – Literaturverzeichnis – Bezugsadressen ...

Einleitung

„Ohne ihn war nichts zu machen,
keine Stunde hat er frei,
als sie ihn begruben,
war er glücklich auch dabei!"

Diese Zeilen voller humoristischer Weisheit von Wilhelm
Busch spiegeln die tägliche Praxis. Immer weniger Menschen
verfügen noch über brachliegende Zeitpotenziale – genau
das Gegenteil ist die Praxis! Es wird von Termin zu Termin ge-
hetzt – die Jagdsaison nach Aufträgen, Zustimmung, Spezialis-
tentum und Aufstiegschancen wird zum Dauerbrenner.

Wir sind am Limit angelangt und suchen verzweifelt nach
dem Zauberspruch, der uns zwar deutlich weiterbringen soll,
aber bitte ohne noch mehr zu rennen.

Hier ist er: „Nutzen Sie eine Prise SHOWtime – präsentieren
Sie sich zum Erfolg!"

Schaffen Sie sich eine neue Präsentationswirkung, die so begeistert, dass Ihre Zuhörer nahezu *zustimmen* müssen! Hier
liegen nicht nur unglaubliche Potenziale brach, ja, Sie werden
zudem feststellen, dass diese kreative Spielwiese Ihnen richtig
Freude bereiten wird.
Gerade diese innere Zustimmung der Zuhörer erzeugen wir
weder durch mehr Druck oder Schweiß, sondern durch besonderes Wissen um die „Werkzeuge" der Wirkung. Künftig werden Sie Ihre Ideen und Anliegen auch innerhalb des eigenen
Unternehmens um ein Vielfaches erfolgreicher präsentieren.
So bauen Sie Ihren Expertenstatus immer weiter aus und motivieren nebenbei spielend Mitarbeiter und Führungskräfte zu
neuen Wegen.

Ich gehe sogar noch einen Schritt weiter – mit der richtigen Präsentation „zünden" Sie auch Ihre Kunden so, dass diese künftig für Sie verkaufen.
„Zuerst die Arbeit, dann das Vergnügen" haben wir von Kindesalter an gelernt! „So ein Quatsch!" Meine innerste Überzeugung ist es, dass eine langfristig erfolgreiche Arbeit sogar eine entsprechende Dosis „Vergnügen" bedingt.

In diesem Sinne wünsche ich Ihnen mit diesem Buch, in Kooperation mit Ihrem eigenen Kreativpotenzial, viel Vergnügen und zauberhafte Erfolge bei der Umsetzung.

Sim Sala WIN – Ihr
Oliver Alexander Kellner

PS: „Ob etwas Gift oder Heilmittel ist, bestimmt allein die Dosis!" Bitte behalten Sie dieses historische Zitat stets vor Augen, wenn Sie Ihre Präsentation mit „SHOWTIME" würzen.
Ich wünsche Ihnen die Persönlichkeit, dass Sie trotz neuer Präsentationserfolge immer das richtige Maß zwischen Bescheidenheit als Mensch und Entainmentfähigkeit in Ihrer Botschaft für sich finden.

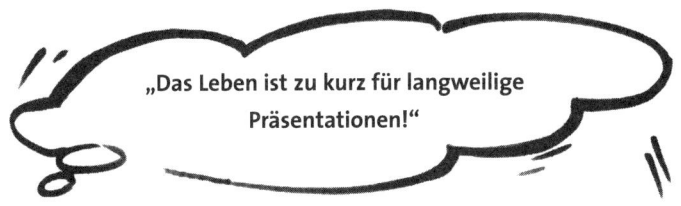

„Das Leben ist zu kurz für langweilige Präsentationen!"

Gebrauchsempfehlung für dieses Seminarbuch:

▸ „Handeln Sie mutig und Sie werden mutig." Erfolgreiche Präsentationen funktionieren genau in dieser Reihenfolge und nicht anders herum. Trauen Sie sich einfach und testen Sie die Praxiswirkung der hier aufgeführten „Werkzeuge". Das größte Zauberwort auf Erden hat drei Buchstaben und heißt „T.U.N."!

▸ Arbeiten Sie mit diesem Buch. Streichen Sie für Sie interessante Dinge sofort dick an. Noch wichtiger – führen Sie die gestellten Aufgaben auch wirklich schriftlich aus. Nur so haben Sie 100 Prozent Nutzen!

▸ Halten Sie Ihre Kreativität im Fluss. Immer wieder finden Sie in speziellen Textpassagen einige Lehrzeilen, gekennzeichnet mit unserer „Kreativ-Glühbirne".

Halten Sie hier spontane Geistesblitze fest, auch wenn Sie etwas ver-rückt klingen!

Gefahrenhinweis in Sachen Showtime:

Alleiniges Showmanship ohne besonderes Fachwissen in Ihrer Branche ist wie Fliegen mit einem Leck in der Treibstoffleitung – irgendwann stürzen Sie ab!

... in eigener Sache:

Dieses Seminarbuch soll Ihnen schwerpunktbezogen mit die interessantesten Werkzeuge der erfolgreichen Präsentation vermitteln. Einige Themenbereiche gründen damit auf den Ideen der „Sim Sala WIN"-Philosophie aus meinem gleichnamigen Buch oder ergänzen diese in besonderer Weise. Allerdings handelt es sich bei „SHOWtime" um ein eigenständiges Werk, das nicht unmittelbar auf meinem vorherigen Buch aufbaut. Deshalb werde ich einige wenige, erweiternde Basisbotschaften aus „Sim Sala WIN" (SSW) an wichtigen Stellen noch einmal anklingen lassen.

Vielen Dank an die SSW-Insider für ihre Rücksichtnahme auf die „Neuleser". Genießen Sie dafür die erweiterten Ideen – z. B. der umgedrehten ON-Botschaft, aber dazu später mehr!

ERFOLGE*
zaubern!

Interessierte Menschen, die meine Seminararbeit oder Publikationen noch nicht kennen, fragen häufig, was ich persönlich unter dem Slogan „ERFOLGE zaubern" verstehe. Hier noch einmal meine Definition von ERFOLG:

E chter
R eichtum
F ordert
O ffensiv
L ebendige
G laubenssätze

„Unser Kopf ist deswegen rund, damit unser Denken die Richtung ändern kann." In meinen Augen ist nur derjenige wirklich erfolgreich, der bereit ist, seine persönliche Einstellung und seine damit verbundenen Handelungen aktiv und fortwährend zu hinterfragen.

ON the Top –
vom Zeigen zum Wirken

Verkaufen, verhandeln, überzeugen, motivieren ...

JA, ich bin Verkäufer!

Präsentieren bedeutet in erster Linie verkaufen. Selbst wenn
Ihre Präsentation kein Produkt oder Dienstleistung anbietet –
zumindest wollen Sie eine Idee, eine Geisteshaltung, eine Zustimmung oder einen bestimmten Eindruck Ihrer Person an
den Mann bzw. die Frau bringen – sprich: Sie verkaufen! Und
wenn wir uns noch so schöne Bezeichnungen wie Berater,
Dienstleister, Vermittler, Moderatoren, Repräsentanten auf unsere Visitenkarte drucken – wir alle sind Verkäufer! Was sicher
nicht gleichzusetzen ist mit der Aussage: „Wir alle sind käuf-
lich!" Vielleicht rührt gerade daher die Haltung, dass wir uns
so sehr gegen diese Berufsbezeichnung sträuben, auf die wir
eigentlich stolz sein sollten.

Folgende Situation – ich werde von einem namhaften Finanz-
institut für einen Präsentationsvortrag gebucht. Kurz vorher
wird mir von Seiten des Veranstalters mitgeteilt, dass ich die
eingeladenen Verkäufer während des Vortrages nicht als Verkäufer ansprechen soll, sondern als Berater.

Ich betrete das Podium. Vor mir 150 Menschen. Ich eröffne
meine Präsentation und halte plötzlich inne. Es herrscht absolute Stille. 300 Augen sind auf mich gerichtet. Alle warten auf
das, was kommt. Ich beginne mit den Worten: „Entschuldigen
Sie, sehr geehrte Damen und Herren. Ich bekam gerade mitgeteilt, dass ich Sie heute nicht als Verkäufer, sondern als Berater
ansprechen soll. Seitdem geht mir nur eine Sache durch den

Kopf (lange PAUSE). Ich sehe vor mir 150 sympathische Menschen. Ich frage mich, wenn Sie alle Berater sind (kurze PAUSE), wer verkauft dann bei Ihnen?"
Die aufgebaute Spannung entlud sich spontan in Gelächter und mündete schließlich in einem wohlwollenden Applaus. Ab diesem Zeitpunkt war das Eis gebrochen und die Tür zur Gemeinsamkeit geöffnet. Hinter dieser Handlung verbirgt sich ein Werkzeug, das ich im Kapitel der „IDEAL-Technik" unter dem „Stuhl des Elfjährigen" noch vertiefen werde.

Doch nun noch einmal zurück zum Thema Präsentation bzw. Verkauf. Führen Sie sich an dieser Stelle noch einmal vor Augen: „Bill Clinton ist ein Verkäufer. Thomas Gottschalk ist ein Verkäufer. Porschemanager Wendelin Wiedeking ist ein Verkäufer. Bundeskanzler Gerhard Schröder ist ein Verkäufer. Modelmoderatorin Verona Feldbusch ist eine Verkäuferin. Selbst der Dalai Lama ist ein Verkäufer." Sehen Sie, in diese Gesellschaft fällt es uns schon etwas leichter, zu sagen: „JA, auch ich bin ein Verkäufer ... und eigentlich ist es gar nicht schlimm!" Hier drängt sich die Frage auf: „Was unterscheidet in der Regel einen Spitzen-Verkäufer von einer Person, die einfach „nur" präsentiert?" Eine Antwort: „Spitzenverkäufer werden von Beginn an zu extrem zielfokussierten Menschen erzogen!" Abschluss getätigt – Ziel erreicht. Kein Abschluss – Ziel verfehlt, fertig. Ich will Sie an dieser Stelle nicht erschrecken, es geht nicht nur um das Feedback „Präsentationsziel erreicht oder nicht". Es geht jedoch darum, aus dieser extremen Fokussierung heraus Ihre nächste Präsentation zu überdenken.

„Wer nicht weiß, wo er hin will, braucht sich nicht zu wundern, wenn er ganz woanders ankommt!"
Mark Twain

Stellen Sie sich vor jeder Präsentation die zwei folgenden Fragen;

Nummer 1   **„Was ist (m)eine Kernbotschaft?":**

_____

_____

Das ist ein Seminarbuch. Überlegen Sie sich an dieser Stelle die mögliche Kernbotschaft Ihrer nächsten Präsentation oder optimieren Sie einfach eine Ihrer letzten Darbietungen.
Bitte nur eine Kernbotschaft. Je mehr Konkurrenzbotschaften Sie hier platzieren, desto weniger bleibt meist auf der mentalen Festplatte Ihrer Zuhörer übrig. Natürlich muss Ihre Präsentation letztendlich mehr als einen Satz enthalten, doch sollte alles Weitere bewusst auf diese Kernbotschaft hinführen bzw. diese unterstützen.

Aufgeschrieben? Sehr gut. Damit haben Sie bereits einen großen Vorsprung gegenüber den üblichen Durchschnittspräsentationen. Ich möchte Sie nun weiter herausfordern. Es ist jedoch besonders wichtig, dass Sie sich an den nächsten Fragestellungen nicht „festbeißen". Ganz offen gesagt, manches namhafte Unternehmen bedient sich dafür professioneller Kreativagenturen, teilweise monatelang, um diese nachstehend angeführte Aufstellung zu optimieren. Aber was spricht dagegen, dass Sie besser und schneller sind? Legen Sie es einfach darauf an, dass Ihnen genau an dieser Stelle vielleicht ganz spontan der ein oder andere geniale Gedanke in den Sinn kommt.

Überprüfen Sie bitte jetzt Ihre Kernbotschaft noch einmal anhand nachstehender Kriterien:

▸ Ist Ihre Botschaft für die Zielgruppe einfach und verständlich?

- ▸ Beinhaltet Ihr Gedanke etwas Neues, Neugiererweckendes oder Aktivierendes?

- ▸ Können Sie mit Ihrer Botschaft sogar etwas provozieren (wenn ja, dann bitte in Maßen)?

- ▸ Entstehen beim Zuhörer Bilder und/oder Emotionen?

- ▸ Würde die Bildzeitung Ihre Botschaft auf der Titelseite drucken?

_____

_____

_____

Ich hoffe, diese Fragen haben Sie zu Ihrer Kernbotschaft weiter inspirieren. Bitte verstehen Sie mich nicht falsch. Mein Vorhaben ist es nicht, mit niveaulosen Boulevardschlagzeilen Ihre Zuhörer zu erschlagen. Vielmehr sollen diese Fragen Sie dazu veranlassen, neue Kreativpfade zu aktivieren. Selbstverständlich werden Sie selten eine Botschaft finden, die _alle_ Fragekriterien erfüllt – jedoch mindestens zwei davon sollten Sie mit einem eindeutigen „JA" beantworten können.

Hier ein Beispiel und eine spannende Kernbotschaft für eine Produktpräsentation eines Kraftstoffes: **„Pack den Tiger in den Tank!"** (einfach, aktivierend, bildlich).

Auch das ist möglich – eine mit einem Augenzwinkern garnierte Präsentation der Holz verarbeitenden Betriebe: **„Schreiner machen Frauen glücklich** – (mit Zusatz) – **freundlich statt ungehobelt!"** (verständlich, liebevoll provozierend, emotional).

Eine Kernbot-
schaft, die zum
Slogan wurde:
„Just do it!" –
vielen Dank Nike!

Die Kernbotschaft dieses Buches (abgesehen vom Haupttitel „SHOWtime) lautet:
Standing Ovations für Ihre Präsentation (für die Zielgruppe einfach und verständlich, macht etwas neugierig, „Standing Ovation" ist das Bild stehender applaudierender Menschen und provoziert gleichermaßen ein wenig ... aber dazu später mehr). Richtig, für manchen Geschmack etwas zu sehr amerikanisch. Wäre dies nicht ein „Entertainmentseminarbuch", hätte ich ebenfalls einen deutschen Titel vorgezogen.

Eine weitere Kernbotschaft, die anlässlich einer Präsentation für einen namhaften deutschen Pianohersteller zum Thema „hochwertig verkaufen" entstand: **„Das Leben ist zu kurz für schlechte Klaviere"** (einfach, aktivierend, etwas provozierend, für manche sogar emotional).

Diese Inspiration „Das Leben ist zu kurz für ..." lässt sich übrigens sehr gut auf andere Themen übertragen. Natürlich nutze auch ich dieses sprachliche Werkzeug. Auf Seite 9 finden Sie diesen Satz angepasst an diesen Buchtitel: **„Das Leben ist zu kurz für langweilige Präsentationen!"**

Einige Leser werden sich fragen, warum dieser ganze Zauber um eine Kernbotschaft? Aus der Praxis heraus habe ich in den zahlreichen Einzelcoachings immer wieder festgestellt: Wer keine eindeutige Kernbotschaft hat, verzettelt sich meist in seiner Präsentation.
Man kommt nicht auf den Punkt, überfrachtet die Präsentation, langweilt die Zuhörer und letztendlich bleibt von unglaublich vielem fast nichts übrig. Zudem gibt eine gute Kernbotschaft oft einen ansprechenden Titel für Ihre Präsentation ab. Bei öffentlichen Präsentationen ist das nicht selten der einzige Grund für die Zuhörer zu kommen. Zudem kann sie als roter Faden durch Ihre Präsentation führen und sich so fest im Unterbewusstsein verankern oder als Schlussappell mit einer eindeutigen, zusätzlichen Aufforderung entscheidend zum

Erfolg Ihres Auftritts beitragen. Vielleicht kommt Ihnen in Verbindung mit Ihrer Botschaft sogar eine kleine Geschenkidee, mit der Sie sich bei Ihrem Publikum „unvergesslich" machen (siehe Kapitel „Mentale Präsente").

Sie erinnern sich noch – ich wollte Ihnen *zwei* Hauptfragen stellen – hier nun also die zweite:

Nummer 2   **„Was ist (m)ein Handlungsziel für meine Zuhörer ?":**

Hier sei noch einmal auf das zu Anfang beschriebene Stichwort „zielfokussiertes Handeln" hingewiesen. **Was erwarten Sie konkret, was Ihre Zuhörer nach Ihrer Präsentation tun sollen?**

Begeistert sein – ist ein erstrebenswertes Vorhaben, doch kein konkretes Ziel in unserem Sinne. Unser Ziel sollte klar, eindeutig formuliert und messbar sein.
Bei Präsentationen, die ein Produkt oder Dienstleistung verkaufen sollen, scheint es auf den ersten Blick einfach. Der oder die Kunden sollen eben kaufen. Doch was genau sollen sie kaufen, wie viel davon, wann, zu welchen Konditionen/Bedingungen, wenn schon mit finanziellen Zugeständnissen in welchem Umfang, möglichst in Naturalien, zu welchem Liefertermin und welche Zusatzverkäufe sind möglich etc.? Wenn Sie diese Fragen und mehr beantworten können, dann haben Sie ein konkretes Ziel.

Doch wie sieht es beispielsweise aus, wenn Sie eine neue Marketingstrategie in Ihrem eigenen Unternehmen präsentieren? Vielleicht hilft es Ihnen hier wiederum, wenn Sie das Wort „Präsentieren" wie eingangs erwähnt für sich persönlich durch „Verkaufen" ersetzen.

Vielleicht wollen Sie die Zustimmung der Teilnehmer. Doch Achtung: Auch das ist kein konkretes Ziel. Von mindestens wie vielen Teilnehmern, schriftlich oder per Handabstimmung, für welchen Zeitrahmen, zu welchen Budgets/Bedingungen, welchen Mitarbeiterressourcen brauchen Sie die Zustimmung und zu welchen Kompromissen wären Sie im Extremfall bereit etc.?

Noch schwieriger wird die Zielformulierung, wenn Sie Präsentationen oder Vorträge abhalten, die eine bestimmte Geisteshaltung oder Motivationsbotschaft vermitteln sollen. Oft handelt es sich hier um eine mittlere bis große Gruppe von Personen, denen Sie in erster Linie wiederum nichts Materielles zu verkaufen haben. Woran kann man hier ein Handlungsziel festmachen? Ich könnte hier z. B. auf die Summe meiner verkauften Bücher verweisen und daran meinen Erfolg messen. Doch hier möchte ich weitere Kriterien ansprechen. Vielleicht haben Sie eine Liste zum Erhalt eines Newsletter ausliegen und setzen für sich eine Zahl von Interessenten fest, ab der Sie Ihr Ziel erreicht haben. Oder Sie bereiten einen Feedbackbogen vor, auf dem die Teilnehmer Ihren Vortrag benoten und kurze Anregungen notieren können. Vielleicht haben Sie auch eine Abstimmungsfrage per Handzeichen an das Publikum forciert und legen hier mental Ihr gewünschtes Ergebnis fest. Oder Sie versuchen Ihr Handlungsziel aufgrund der Gesprächsresonanz nach Ihrem Auftritt zu fixieren. Diese Gesprächsresonanz nach dem Auftritt z. B. bewerte ich für mich in drei Stufen:

Stufe 3: *Nach der Präsentation kommt außer dem Veranstalter oder des zuständigen Vorgesetzten keiner der Zuhörer persönlich auf Sie zu. Sie erhalten so gut wie keine Fragen, Lob oder Feedback. Packen Sie zusammen, verlassen Sie freundlich diesen Ort und überarbeiten Sie möglichst sofort Ihre Präsentation.*

Stufe 2: *Der Vorgesetzte oder der Veranstalter sprechen Ihnen ihren Dank aus für Ihre Arbeit. Zusätzlich kommen einzelne Personen mit Fragen, Anregungen und auch Lob auf Sie zu.*

Stufe 1: *Der Vorgesetze oder der Veranstalter kann sein Lob nur am Rande ausdrücken, weil zahlreiche Personen mit Fragen und Wünschen Sie umzingeln. Vielleicht waren Sie sogar in absoluter Höchstform und Ihre Zuhörer honorierten dies mit echten „Standing Ovations".*

_____

_____

_____

Dieses letzte Beispiel soll zeigen, dass man selbst aus scheinbar nicht fixierbaren Präsentationen rund um Motivations- und gewünschte Handlungsbotschaften relativ fixe Ziele herausarbeiten kann. Präsentationsprofis zeichnen sich dadurch aus, dass sie sich dieser Ziele bewusst sind und ständig an der Optimierung ihrer Präsentationen „feilen".

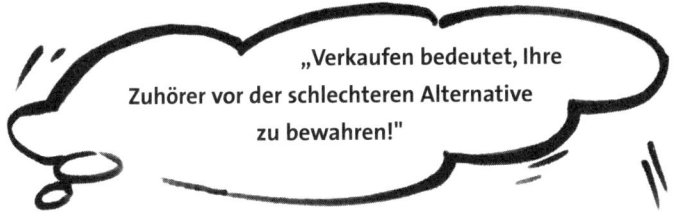

„Verkaufen bedeutet, Ihre Zuhörer vor der schlechteren Alternative zu bewahren!"

Präsentainment und die besonderen Basiswerkzeuge

Vielleicht habe ich mit dem ersten Startkapitel den ein oder anderen Leser etwas erschreckt. Hey, ich wollte Spaß haben und wo liegt nun die SHOW in der Ausarbeitung von Kernbotschaft und Handlungsziel? Und dann noch TIME – das kostet doch alles Zeit!

Wenn Sie das Wort „kostet" durch „investieren" ersetzen, bin ich damit einverstanden. Tatsächlich werden Sie in diesem Buch zahlreiche Anregungen und Werkzeuge entdecken, die sehr einfach und unmittelbar umsetzbar sind und Ihre SHOW mit wenig TIME-Investition bedeutend weiterbringen werden. Wenn Sie sich jedoch den Untertitel dieses Werkes „Standing Ovations für Ihre Präsentation!" als Ziel vornehmen und diesen stehenden Beifall wirklich erreichen wollen, dann sollten Sie für diesen „Präsentationsolymp" etwas Zeitinvestition nicht scheuen. Wer übrigens einmal in den Genuss von „Standing Ovations" kam, wird dieses Glücksgefühl immer wieder suchen. Um dieses Highlight nur annähernd beschreiben zu können, möchte ich es mit einem Platz auf dem Siegerpodest im Sport vergleichen. Das passende Doping dazu – ohne Nebenwirkungen, jedoch mit hoffentlich etwas Freude – finden Sie in diesem Buch. Was Sie noch wissen sollten: Je größer Ihr Publikum ist, desto eher können Sie aus gruppendynamischen Gründen „Standing Ovations" erreichen. Bei einem kleineren Zuhörerkreis, z. B. bei drei Personen, wäre es wohl eher unna-

türlich, wenn diese plötzlich vor Ihnen aufspringen und ap-
plaudieren. „Standing Ovations" ist hier eher als Metapher zu
sehen. Dabei geht es vorrangig darum, dass Ihre Zuhörer besonders motiviert Ihr Handlungsziel aufgreifen oder diesem
zustimmen und Ihre Person samt Botschaft langfristig begeistert im Gedächtnis behalten.

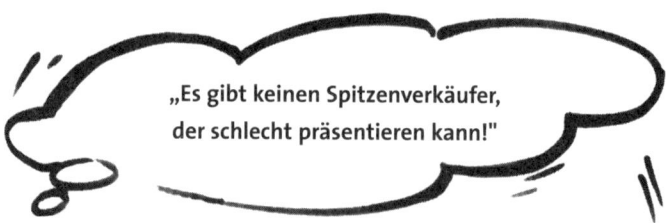

„Es gibt keinen Spitzenverkäufer,
der schlecht präsentieren kann!"

SHOWtime
bedeutet auch
ungewöhnliche
Dinge zu zeigen.
Hier der Autor
mit seinem ge-
teilten „Lebens-
wasserhahn" in
Wien.

Belegen Sie folgende sieben Fragen, frei nach Ihrem spontanen Gefühl mit einer Zahl von 0 bis 100 Prozent. Führen Sie sich dazu Ihre aktuelle Präsentationssituation vor Augen:

1. Welcher Prozentsatz belegt in Ihren Augen die Wichtigkeit dieser Präsentation? _____

2. Zu wie viel Prozent ist Ihre Präsentationsaussage stimmig mit Ihrer Person (Alter, Sprache, Status, Kleidung etc.)? _____

3. Zu wie viel Prozent trifft Ihre Präsentationsaussage den tatsächlichen Wahrheitsgehalt? _____

4. Zu wie viel Prozent haben Sie ein ehrliches Interesse an Ihren Zuhörern? _____

5. Zu wie viel Prozent sind Sie selbst von Ihrer Präsentationsbotschaft begeistert? _____

6. Zu wie viel Prozent haben Sie wirklichen Respekt vor Ihren Zuhörern? _____

7. Zu wie viel Prozent würden Sie lieber in den Urlaub fahren, als diese Präsentation abzuhalten? _____

(Näheres dazu später.)

_____

_____

_____

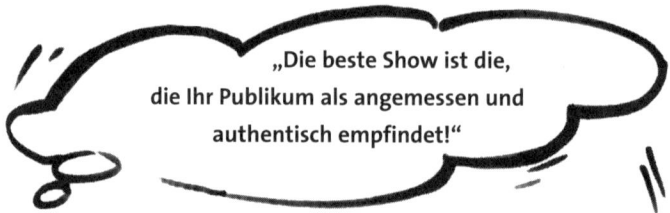

„Die beste Show ist die, die Ihr Publikum als angemessen und authentisch empfindet!"

Präsentation und Bühne

Wenn Sie vor Menschen auftreten, werden Sie als Präsentierender merken, wie Ihr „Entertainment-Schalter" auf „ON" switcht. Das heißt, Sie werden versuchen, aufrechter zu gehen als sonst, deutlicher zu sprechen, freundlicher zu wirken und vieles andere mehr. Den Begriff „ON" habe ich dem Theaterbereich entliehen, der sich im amerikanischen Wortbild „ON STAGE" spiegelt (was so viel wie „auf der Bühne" heißt). In diesem Moment sagt uns unser Unterbewusstsein: „Gib ein besonders gutes Bild ab. Du wirst von vielen wichtigen Menschen beobachtet." Ich habe mir erlaubt, diesen Begriff „ON" ins Business zu transportieren und ihm eine stärkere Bedeutung zu geben.

Künstler, die sich hinter der Bühne befinden, dürfen noch ihre bequeme Garderobe tragen, vielleicht entspannt im Relaxsessel lümmeln und mit den Fingern noch einige Taccos beim Kollegen erhaschen. Doch eines wissen alle Profis hinter den Kulissen: Sobald sich für sie der Bühnenvorhang öffnet, haben sie nur einen Job zu erledigen – sie müssen für ihr Publikum „ON" sein. Was viele Verkäufer und Präsentierende in Deutschland leider noch nicht verinnerlicht haben, ist folgende Tatsache – **ihr Kundenkontakt ist ihre Bühne!**

_____

_____

_____

Doch woran merke ich, dass ich „ON" bin? Dazu eine persönliche Frage an Sie: **„Wer ist der wichtigste Mensch in Ihrem Leben?"**

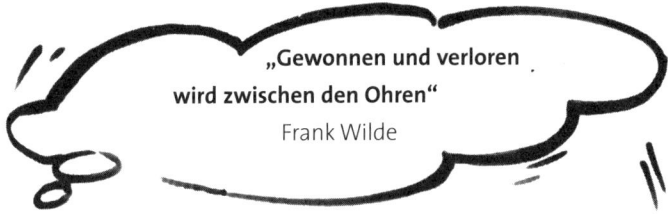

„Gewonnen und verloren
wird zwischen den Ohren"
Frank Wilde

Wenn Sie diese Frage mit *„... der, mit dem ich gerade kommuniziere"* beantworten können, dann sind Sie einen Siebenmeilenschritt näher am „ON". Allein dadurch, dass Sie diesen „mentalen Höchststatus" für jeden Einzelnen ansetzen, mit dem Sie ab morgen sprechen, wird sich Ihr Verhalten revolutionieren.

Was wir uns merken sollten: Absolute Profis arbeiten täglich an ihrer persönlichen ON-Botschaft und bauen schließlich den „OFF-Schalter" aus. „ON" im Business und „OFF" privat kann auf Dauer nicht funktionieren. Ebenso umgekehrt.

Sollten Sie bereits eines meiner Seminare, Vorträge oder Workshops besucht haben, kennen Sie sicher den nebenstehenden ON-Smily (natürlich im Original schön bunt), der zur Unterstützung dieser besonderen Lebensphilosophie entwickelt wurde. Die Clown-Nase steht für das „O" und das rechte Auge samt dem Mund komplettieren die Botschaft, die eigentlich als fortwährende Frage gedacht ist: „Bin ich gerade ON?" Ich stelle bei mir selbst immer wieder fest, dass dieser eine Anspruch sicher eine Lebensaufgabe beinhaltet. Deshalb lade ich meine Seminarteilnehmer stets dazu ein, ihre persönlichen

ON-Smily am Bildschirmrand ihres Computers, im Portmonee, an der Sonnenblende des Autos usw. „offensiv aufdringlich" anzubringen, damit er uns möglichst oft an eine der wichtigsten ERFOLGs*-Botschaften erinnert.

Unser „ON-Smily" mit der wichtigen Botschaft „Lächle mehr als andere!"

Ein Teilnehmerfeedback nach einem meiner Seminare, das mich in diesem Zusammenhang besonders gefreut hat: „Vielen Dank für diesen außergewöhnlichen Tag – ich möchte wieder „ON" sein!"

Wenn Sie außerdem zur übergutmütigen, dauernd gehetzten Businessspezies gehören, die so gut wie kein „Nein" über die Lippen bringt, dann dürfen Sie unseren ON-Smily gerne auch auf dem Kopf stehend anbringen. Aus „ON" wird damit ein „NO". Ein kleiner Wink noch: Ohne ein bewusstes „NO" gibt es kein langfristiges „ON"!

_____

_____

_____

*(Siehe unsere Definition von ERFOLG S. 10 – nur wer „ON" ist, wird bereit sein, seine Komfortzone immer wieder zu verlassen, um neue Sichtweisen kennen lernen zu dürfen.)

**Zurück zu den
7 Fragen bzw.
Antworten,
bezogen auf Ihre
Präsentations-
situation auf
S. 21:**

Nr. 1 – Wenn Ihnen selbst Ihre Präsentation nicht zu 100 Prozent wichtig ist, warum soll sie es dann für Ihr Publikum sein?

Nr. 2 – Wenn Ihre Präsentationsaussage nicht zu 100 Prozent mit Ihrer Person übereinstimmt, warum sollten Ihre Zuhörer Ihnen die Botschaft abnehmen? Überlegen Sie sich, welche Bereiche zu Ihnen passen und stellen Sie diese in der Vordergrund – alles andere minimieren bzw. am besten weglassen.

Nr. 3 – Wenn Ihre Präsentationsaussage aus Ihrer Sicht nicht zu 100 Prozent den Wahrheitsgehalt trifft, wie lange denken Sie damit durchzukommen?

Nr. 4 – Wenn Sie nicht zu 100 Prozent ein ehrliches Interesse an Ihren Zuhörern haben, warum sollten sich diese dann für Sie interessieren! Leben Sie das „ON".

Nr. 5 – Wenn Sie nicht selbst zu 100 Prozent von Ihrer Präsentationsaussage begeistert sind, wie sollen dann Ihre Zuhörer sich dafür begeistern? Arbeiten Sie das heraus, was Sie selbst „elektrisiert" und halten Sie den Rest so kurz wie möglich bzw. lassen Sie alles andere weg.

Nr. 6 – Wenn Sie nicht zu 100 Prozent Respekt vor Ihren Zuhörern haben, dann geht es Ihnen vermutlich zu gut! Entschuldigen Sie diese Provokation. Nur eine respektvolle Einstellung zu Ihrem Publikum wird ein respektvolles, authentisches Verhalten an den Tag bringen. „Standing Ovations" kommen aus dem Bauch und der weiß meist mehr als der Kopf.

Nr. 7 – Wenn Sie nicht zu 100 Prozent lieber diese Ihre Präsentation abhalten anstatt in den Urlaub zu fahren, dann sind Sie vermutlich … ehrlich. Versuchen Sie diese Offenheit auch an strategisch wichtigen Punkten in Ihrer Präsentation anzubringen. Dann sind Sie sehr nahe an den Standing Ovations (später dazu mehr im Kapitel zu Ideen und Werkzeugen).

ON the Top – vom Zeigen zum Wirken

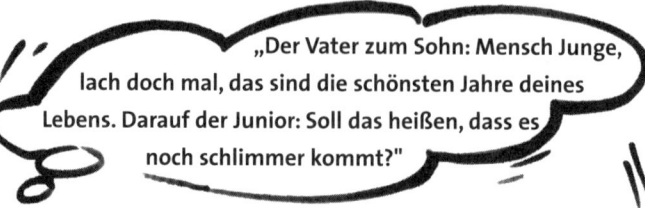

„Der Vater zum Sohn: Mensch Junge, lach doch mal, das sind die schönsten Jahre deines Lebens. Darauf der Junior: Soll das heißen, dass es noch schlimmer kommt?"

Botschaften direkt im Unterbewusstsein platzieren

Besonders Männer sind bei ihren Präsentationen überaus stolz auf ihre Daten, Zahlen und Fakten. Damit gleicht deren Senderverhalten sehr oft der *Tagesschau*. Eine kurze Frage: Wann wurden Sie das letzte Mal von der Tagesschau *emotional begeistert* und wie lange danach blieb Ihnen dieses *besondere Erlebnis* im Gedächtnis? Konkret für alle Leser mit dem Schwerpunkt auf der linken Gehirnhälfte* – auch Kommunikationswissenschaftler belegen, dass bereits fünf Minuten nach einer solchen Nachrichtensendung 95 Prozent aller Botschaften verpufft sind. Noch dramatischer ausgedrückt – bereits 20 Minuten nach acht wissen Sie praktisch nichts mehr über die ach so wichtigen Daten, Zahlen und Fakten des Tagesschausprechers. Das Gleiche gilt für eine *reine* Daten-Zahlen-Fakten-Präsentation!

Der Umkehrschluss aus der Praxis: Je mehr Infotainment gepaart mit Emotionen Sie erzeugen können, desto mehr wird sich langfristiger im Unterbewusstsein Ihrer Zuhörer verankern.

Natürlich sollten in dieser Infotainment-Präsentation auch Daten, Zahlen und Fakten vorkommen – nur werden sie hier auf ein Minimum reduziert und um ein Maximum besser verkauft.

(* Ganz grob eingeteilt ist die linke Gehirnhälfte zuständig für die Verarbeitung von Daten, Zahlen und Fakten. Wogegen die rechte Gehirnhälfte für Emotionen, Farben und Bilder steht.)

Der Weg sollte damit klar sein – auf geht es, weg vom Daten-und-Fakten-Zwerg hin zum Emotions- und Infotainment-Riesen!

Hier ist es zudem wichtig zu wissen, dass unser Handeln zu **mindestens** 90 Prozent aus dem Unterbewusstsein gesteuert wird. Und genau dort wollen wir deshalb unsere Kernbotschaft samt Handlungsauslöser platzieren – alles andere wäre unökonomisch.

Die vorrangige Frage für Ihre Präsentation sollten damit lauten: **„Wie verankere ich meine Präsentationsbotschaft möglichst direkt und nachhaltig im Unterbewusstsein meiner Zuhörer?"**
Genau damit:
▸ Bildern (Menschen)
▸ Emotionen (Werte)
▸ Erlebnissen (mögl. einbezogen)
▸ Geschichten, Metaphern
▸ Humor

Kinder leben ganz natürlich die rechte Gehirnhälfte. Hier unser Sohn Lukas voller Begeisterung über sein Weihnachtsgeschenk.

ON the Top – vom Zeigen zum Wirken

Showprofis und Shrek

Ein kleiner Blick über den großen Teich nach Los Angeles zu den Showprofis in den Universal Studios unterstreicht diese Botschaften. Auch wenn es sich dort vorrangig um Entertainment handelt. Hier steht eines der ersten 4D-Kinos der Welt. Ausgehend vom Film „Shrek" möchte ich Ihnen hier einige Parallelen zum Wissen der Showprofis aufzeigen. Obwohl Shrek eine Comic-Fantasiefigur ist, überzeugt er mit seinen menschlichen Zügen (Priorität Mensch) und erobert durch seine gefühlvolle Ausdrucksweise (Emotionen) die Herzen der Zuschauer. Die Zuschauer werden in einem 4D-Kino (4. Dimension) aktiv in diese Welt mit einbezogen (Erlebnisse). Wenn der liebevolle und tollpatschige Esel von Shrek beispielsweise von der Leinwand niest, bekommen die Zuschauer live im Kino einige Spritzer Wasser ab. Natürlich ist gerade für die Amerikaner eine gute Story besonders wichtig und so werden die Zuschauer in eine märchenhafte und begeisternde Traumwelt entführt (Geschichte). Und sollte gerade mal die Liebe zu seiner Angebeteten keine Rolle spielen, gibt es in diesem Moment sicher etwas zu lachen (Humor). Das ist Showtime auf allen Kanälen.

Alle lieben Shrek. Hier umarmt von unserer Tochter Laura. Jetzt kennen Sie schon fast die ganze Familie ...

Doch was hat dies mit Ihrer Präsentationspraxis zu tun? Nun einige bunt gemischte Beispiele als Erläuterung für die Praxis, auch wenn wir hier dem einen oder anderen Thema in diesem Buch vorgreifen. In Ihrer Beamer-Präsentation sollten Sie dem Bild eines Menschen dem eines Zahlen-Kuchendiagramms den Vorzug geben. Das Bild eines Kindes mit Tränen in den Augen bewegt die Mitarbeiter mehr, über die gestiegene Reklamationsquote Ihres Unternehmens nachzudenken als blanke Drohungen der Chefetage. Wenn Sie einen Kunden spüren lassen, wie warm sich Ihr Baustoff anfühlt, kann er diesen tatsächlich erleben, besser als wenn Sie nur davon erzählen. Der Erfolgsweg eines Produktes lässt sich durch eine besondere Geschichte viel bewegender präsentieren, als durch einen tabellarische Zeitleiste. Und wenn Ihr Publikum das erste Mal mit Ihnen gemeinsam gelacht hat, haben Sie schon fast gewonnen.

Die „Verhülltechnik" – Präsentieren mit Aufmerksamkeitsmagnetismus

Was jetzt kommt, mag anfangs etwas „ver-rückt" klingen und vielleicht auch einige Zweifel in Ihnen hervorrufen. Und genau das will ich erreichen. Anfängliche Zweifler sind meiner Erfahrung nach besonders kreative Menschen, die später bereit sind, Dinge zu ver-rücken. Stellen Sie sich vor, alle würden auf die gleiche Art präsentieren. Wo sollen dann Ihre Wirkung und die damit verbundene Begeisterung Ihres Publikums bleiben, wenn es das schon Hunderte Male erlebt hat? Und weil sie neu und ungewöhnlich ist, bin ich auch etwas stolz auf die „Verhülltechnik".

Unsichtbare Magneten eingebaut

Waren Sie schon mal bei einer Präsentation, bei der der Referent, ohne es zu bemerken, ein Stück Klebeband am Ärmel hängen hatte, ein Schuhband stolpergefährlich offen war oder ein Reißverschluss an delikater Stelle nicht geschlossen worden war? Man versucht, bei solchen oder ähnlichen Situationen wohlerzogen darüber hinwegzusehen und bemüht sich um noch mehr Konzentration auf dessen Botschaft. Doch irgendwie hat die Situation scheinbar einen unsichtbaren Magneten eingebaut, denn selbst wenn wir uns noch so anstrengen, unsere Aufmerksamkeit wird in gewissen Zeitabständen immer wieder auf diese Position gelenkt. Was hier für den Vortragenden eher unangenehm bis peinlich ist, wollen wir showtechnisch bewusst und in optimierter Form mit der „Verhülltechnik" für uns nutzen.

Sie treten also vor Ihr Präsentationspublikum und stellen einen Gegenstand mitten auf den Tisch. Das Gemeine daran oder besser gesagt das Geheime daran ist, dass dieses Objekt beispielsweise durch ein Tuch verhüllt, also abgedeckt ist. Und jetzt wird es richtig spannend. Sie beginnen zum Thema zu sprechen, als ob sie selbst diese Handlung gar nicht ausgeführt hätten. Sie beachten den Gegenstand nicht. Je mehr Sie nun die Fähigkeit haben, diesen verdeckten Gegenstand zu ignorieren, desto aufmerksamer und neugieriger wird Ihr Publikum. Je nach Präsentationsstil, Gegenstand und Aussage können Sie diese Situation bis auf die Spitze treiben. Ich selbst habe einmal bewusst die Schmerzgrenze meiner Zuhörer getestet. Als ich mich vom Publikum offiziell verabschiedete, war mein Gegenstand immer noch als Fragezeichen auf dem Nebentisch. Diesmal hatte ich das Objekt zwar nicht verhüllt, doch war dieses Objekt selbst dem Publikum so suspekt, dass keiner sich erklären konnte, worin die Verbindung zum Präsentationsthema „Werkzeuge der Kundenbegeisterung im Verkauf" bestand. – Kurzum, es handelte sich um eine Schachtel Kaninchenfutter. Nach dem Schlussapplaus folgte dann schließlich ein Zuruf aus dem Publikum: „Herr Kellner, und was hat es jetzt noch mit dem Kaninchenfutter auf sich?" Meine Antwort: „Vielen Dank, dass Sie mich daran erinnern. Klar, auf mein Buch wollte ich noch hinweisen. Ich habe meiner Frau gesagt, wenn ich das wieder vergesse, esse ich eine komplette Schachtel Kaninchenfutter." Die aufgebaute Neugier löste sich in Gelächter auf und ganz nebenbei hatte eigentlich der Zurufende mein Buch indirekt präsentiert.

Sicher ist diese Situation eine Besonderheit und bedarf gleichzeitig einer guten Beziehungsebene zum Publikum. Interessant ist das „Werkzeug" dahinter. Es ist kaum möglich, mehr Aufmerksamkeit seitens Ihrer Zuhörer zu bekommen, wenn einer aus deren Reihen noch speziell auf Ihr Objekt hinweist. Dies bedeutet, dass Sie sowohl Gegenstände verhüllen können, die unmittelbar mit Ihrem Produkt/Ihrer Dienstleistung zusammenhängen, als auch Objekte, die bewusst gedanklich ganz etwas anderes assoziieren bzw. die nicht zwangsläufig verhüllt werden müssen. Besonders interessant sind zudem Präsentationen mit Alltagsgegenständen, weshalb ich hierfür später ein ganzes Kapitel veranschlagt habe. Lassen Sie sich später überraschen und inspirieren!

_____

_____

_____

**Der Über-
raschungs-
Beutel**

Um zudem auf eine Anwendungsmöglichkeit der Verhülltechnik im Verkauf hinzuweisen, gebe ich Ihnen hier ein weiteres
Beispiel. Dazu habe ich eine Präsentation eines Herstellers
hochwertiger Schmiermittel für die Automobilbranche opti-
miert. Bisher kam der Verkäufer meist mit einem neuen
Schmiermittel in Sprühdosenform zum Einkaufs- oder Werk-
stattleiter und mit dem Angebot, dieses kostenfrei testen zu
dürfen. Nun, ob hochwertig oder nicht, eine Dose bleibt erst
einmal eine Dose. Wenn aber stattdessen ein schwarzer Samt-
beutel auf dem Tisch steht, während der Verkäufer über eine
Revolution im Schmiermittelbereich berichtet, verleiht das
dem Vorgang eine ganz andere Ausstrahlung. Spätestens jetzt
sind übrigens auch die Kollegen neugierig, die durch die Glas-
scheiben Einsicht in das Büro des Einkaufsleiters haben. Klar,
die Dose hat plötzlich eine viel höhere Aufmerksamkeit und
wird zudem als hochwertig wahrgenommen. Übrigens wird so
mit der Dose ebenfalls unterbewusst viel ehrfürchtiger umge-
gangen. In den meisten Fällen wird der Empfänger den Ver-
hüllbeutel (natürlich mit dezent-edlem Logo) für sich behalten
und wiederum etwas Besonderes, diesmal aus dem persönlichen Bereich, darin aufbewahren. Hier wurde ein wirksamer
Mentalanker direkt im Bewusstsein eines wichtigen Entschei-
ders platziert.

_____

_____

_____

Showtime für Sie – Ihre Verhülltechnikidee: Welchen Gegenstand (Produkt oder Produktdetail) könnten Sie in Ihrer Präsentation verhüllt präsentieren? Rücken Sie Ihr Produkt oder Ihre Dienstleistung in ein besonderes Licht.

_____

_____

_____

_____

Gibt es Objekte, die als herausragende oder versteckte Assoziation fungieren könnten, ohne dass Sie diese verhüllen müssten? (Es besteht keine Verpflichtung zum Humor wie im angeführten Beispiel. Die Auflösung könnte ebenso fachlich überraschend oder emotional sein.)

_____

_____

_____

_____

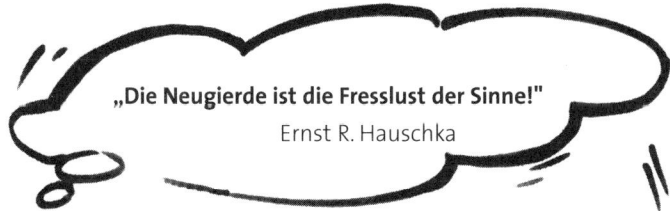

„Die Neugierde ist die Fresslust der Sinne!"
Ernst R. Hauschka

Ängste, Fehler, Einwände – wie daraus Ihre Nuggets werden

Lampenfieber, Umkehrprinzip, TORNADO-Methode und mehr

Als ich das erste Mal auf einer größeren Bühne stand, wusste ich, dass dieser Auftritt für mich *wichtig* war. Ich hielt ein Stück Seil in der Hand und diese begann leicht zu zittern. Ich bemerkte das Zittern und es verstärkte sich, denn ich wusste, dass diese Präsentation für mich *sehr wichtig* war. Meine Schultern zogen nach oben und zum Zittern gesellten sich ein eher flaches Atmen samt flatternder Stimme, denn mir war klar, wie *einzigartig wichtig* diese Situation für mich war. Je mehr ich mich an dem Wort „einzigartig" gedanklich festhielt, desto unwichtiger wirkte ich als Person. Im Endstadium begann ich auch noch völlig unmotiviert auf der Bühne umherzulaufen und es war wohl eher ein Gefühl der Erleichterung für beide Seiten, als ich die Präsentation hinter mich gebracht hatte. Ich spürte förmlich, wie meine Zuschauer mit mir litten. Meine Entscheidung damals stand fest: „So etwas passiert dir nie wieder – künftig entweder professionell oder gar nicht!

Das war leicht gesagt. Denn mein Hauptproblem war die enorme Aufregung verbunden mit letztendlich sichtbarem Händezittern und die ungewollte Fähigkeit, mich mental unglaublich hineinsteigern zu können. Mein Ansatz seinerzeit: Wenn diese Körperfunktionen im negativen Sinne bei mir mental auslösbar sind, dann müsste dies eigentlich auch im positiven Sinne möglich sein. Heute nenne ich diese Methode bei meinen Seminarteilnehmern einfach das Umkehrprinzip. Ein Ansatz dazu ist die TORNADO-Methode (siehe nachfolgenden stehender Kasten).

Hier habe ich meine größten Probleme erst einmal umgekehrt. Aus der Flachatmung bei Aufregung mit gleichzeitigem Schulternhochziehen wurde das „T"ief ausatmen und mit den Schultern bewusst nach unten. Da ich mich eher hinter Flipchart und „O"verhead versteckte, stellte ich mich künftig vor diese „Materialschlacht-Energiezieher." Da ich das Leiden seinerzeit in den Augen meiner Zuschauer selbst nicht sehen konnte, drehte ich das Ganze um und suchte bewusst den Augenkontakt der Zuhörer – „R"asensprengerblick. Da meine Stimme flatterte, habe ich mir das „N"uscheln abgewöhnt und spreche bewusst etwas lauter, eher überbetont und auch etwas langsamer. Die Körperhaltung ist bewusst „A"ufrecht und ruhig mit der unterbewussten Botschaft, dass ich nichts mehr zu verstecken habe. „D"ie Hände positioniere ich gerne in Bauchnabelhöhe, da dies psychologisch als neutrale Position empfunden wird. Als kleine Hilfestellung nutze ich – zumindest anfangs – einen Stift oder einen anderen Gegenstand, den ich in die Hand nehme, um mir damit Halt zu geben.

> **Wenn Rüclschläge dich völlig umwerfen, dann denk einfach mal an die Leute, die immer nur Rückschläge erleben, und du wirst wieder Sinn für all das Gute bekommen, das noch vor dir liegt.** „Die 100 Geheimnisse erfolgreicher Menschen", Integral Verlag

Meine TORNADO-Methode

... der richtige Wind für Ihre Rede/Ihren Vortrag/Ihre Präsentation:

T = Tief ausatmen (gleichzeitig die Schultern nach unten, beides nimmt die Aufregung)

O = Overhead etc. nie vor mir (Beamer, Tische usw., die vor dem Sprecher stehen, „stehlen" Energie)

R = Rasensprenger-Blick (wer auf sein Publikum wirken will, braucht wechselnden Augenkontakt)

N = Nuscheln verboten (kräftige Stimme – eine schüchterne und leise Stimme impliziert leider oft mangelnde Kompetenz!)

A = Aufrecht stehen (wie ein Baum, Beine bitte schulterbreit, wobei manche Männer ihre Schulterbreite überschätzen. Achtung: Damen unterschreiten bitte mit ihrem Stand die Schulterbreite.)

D = Die Hände in Bauchnabelhöhe (Gesten nach oben heißt: positive Botschaften, Hände nach unten: negative. Auf Bauchnabelhöhe sind Ihre Hände in neutraler Ausgangsposition)

O = oder einfach Stift etc. in die Hand (Wer nicht weiß, wohin mit den Händen bei freiem Stehen, nimmt etwas zur Hand)

Meine Annahme seinerzeit, dass das Umkehrprinzip funktionieren würde, stützt sich nicht nur auf die Erfahrung der Arbeit mit zahlreichen Seminarteilnehmern, sondern wird inzwischen auch wissenschaftlich auf verschiedensten Gebieten der Humanmedizin bestätigt. Interessierte können dazu z. B. im Internet unter PNI (=PsychoNeuroImmunologie) Verschiedenes nachlesen.

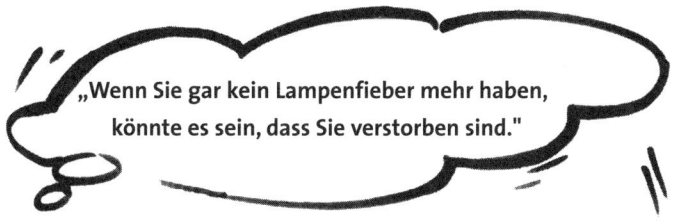

„Wenn Sie gar kein Lampenfieber mehr haben,
könnte es sein, dass Sie verstorben sind."

Alles in allem bleibt *überzeichnetes* Lampenfieber ein Signal
für die Überforderung einer Situation. Konkret: Ich war damals
mit meiner Präsentation *enorm* überfordert. Grundsätzlich
sollten wir jedoch zwei Arten von Lampenfieber unterschei-
den. Schädigendes –distressendes – Lampenfieber, das Ihre Re-
deleistung deutlich verschlechtert, Sie blockiert, blamiert und
dadurch besonders inkompetent erscheinen lässt. Gesundes –
eustressiges – Lampenfieber hingegen ist der Nährboden für
herausragende Leistungen. Es gibt Ihnen den Mut, über sich
selbst hinauszuwachsen und die Leistungen für „Standing
Ovations" zu bewirken. Grundsätzlich ist also Lampenfieber etwas Gutes, ja sogar Erwünschtes, solange Sie selbst noch die
Kontrolle darüber haben. Ich selbst, ebenso wie die meisten
Profikollegen von Theaterbühne bis Fernsehen, bin vor nahezu
jeder Präsentation maßvoll aufgeregt. Bei den wenigen Präsentationen, die ich ohne Kribbeln bewältigen wollte, war das
Ergebnis zwar gut, es gab jedoch nie einzigartige Begeiste-
rungsstürme.

Der Weg zum Präsentationserfolg

Die TORADO-Methode ist hier ehrlicherweise nur die halbe Miete, denn Überforderung beginnt im Kopf. Deshalb hier noch ergänzend einige wichtige Tipps, von denen ich anschließend die Punkte 5 – 7 noch detaillierter erläutern werde:

1.) Akzeptieren Sie Ihre innere Unruhe – kontrollierte Anspannung ist das Fundament zu Spitzenleistungen.

2.) Planen Sie Pufferzeiten und reisen Sie rechtzeitig an – kein selbst gemachter Stress vor der Präsentation.

3.) Suchen Sie sich eine ruhige Ecke, um Ihre Botschaften im Kopf noch einmal durchzugehen.

4.) Kein Alkohol oder kohlensäurehaltige Getränke (Aufstoßen kommt selten gut) und auch keine schwere Kost vor der Präsentation (sonst ist die Energie im Bauch statt im Kopf).

5.) Bereiten Sie sich gut vor und werden Sie zum „mentalen Profi-Minimalisierer".

6.) Sehen Sie Ihrer Angst ... in die Tabelle.

7.) Starten Sie mit Ihrer „Lazy-Botschaft".

Zu Punkt 5: Die professionelle Vorbereitung auf eine Präsentation ist mir elementar wichtig, weshalb ich diesem Part ein extra Kapitel gewidmet habe. Spätestens wenn eine übertemperierte Klimaanlage für rote Köpfe gesorgt hat, die Beamerlampe durchgebrannt ist und sämtliche Flipchartstifte vor Ort leer waren, wissen Sie diese Profi-Checkliste zu schätzen. Doch was ist ein „mentaler Profi-Minimalisierer"? Wenn Sie so wollen, ist das wieder ein Umkehrprinzip. Wir alle sind Profis darin, uns auszumalen, was alles von dieser Präsentation abhängt, was alles schief gehen könnte, was man hinterher über uns denken könnte etc.

Hier drei „minimalisierende" Fragen:

Ja, diese Präsentation ist wichtig. Hängt davon jedoch unmittelbar Ihr eigenes oder das Leben anderer ab?

❏ JA ❏ NEIN

Glauben Sie, dass Ihnen *alle* anwesenden Personen einen abgrundtiefen Präsentationssturz wünschen?

❏ JA ❏ NEIN

Ging Ihnen während Ihrer beruflichen Halbwertzeit eine Präsentation schon einmal wirklich so danebon, dass alle Teilnehmer schallend lachten oder Sie gar beschimpften?

❏ JA ❏ NEIN

Drei NEIN – also was soll es – Sie können eigentlich nur gewinnen! (Sollten Sie auch nur ein „JA" haben, rufen Sie mich dringend an!)

_____

_____

_____

Zu Punkt 6: Vielen Teilnehmern hilft es, Ihrer Angst ins Auge bzw. in die Tabelle zu sehen. Führen Sie diese Übung unbedingt schriftlich aus. Wichtig ist es, dabei ganz spontan die linke Spalte auszufüllen, ohne auch nur groß an die rechte Spalte zu denken. „Sprudeln" Sie einfach drauf los.

Das sind meine Befürchtungen/Ängste	

Jetzt gehen Sie rational auf die rechte Seite. Diese Spalte nennt sich „sbidv" (**so** **b**in **i**ch **d**arauf **v**orbereitet – bitte als Überschrift eintragen). Versuchen Sie jede einzelne Befürchtung in konkrete und vorbeugende Handlungen aufzulösen. Nachstehend einige mögliche Ansätze, Präsentationsängste zu lösen:

Das sind meine Befürchtungen/Ängste	sbidv
Die Zuhörer könnten mich auslachen.	Ich bringe meinen Gag zum Mediamix und wir lachen gemeinsam.
Das Team könnte meinen Vorschlag ablehnen.	Das sind meine fünf schlagkräftigen Argumente für meinen Vorschlag: 1, 2 ,3, 4, 5 So kontere ich bei den drei Haupteinwänden: 1, 2, 3 Auf folgende Alternativen könnte ich mich einlassen …
Ich könnte unkompetent wirken.	Zusätzlich zu meinen Emotionswerkzeugen untermauern folgende ZDFs meine Botschaft (Zahlen, Daten, Fakten): …
Der Beamer könnte ausfallen.	Ich stelle einen Overhead-Projektor bereit und bringe den gesamten Vortrag zusätzlich auf Folien mit.
Ich kann die Präsentationszeit nicht einhalten.	Ich nehme die Präsentation vorab auf Video auf und stoppe die Zeit, die ich brauche.

Zu Punkt 7: Starten Sie mit Ihrer „Lazy-Botschaft"! Ja, richtig gerade am Anfang Ihrer Präsentation brauchen Sie für Ihr Selbstwertgefühl ein positives Feedback. Hier dürfen Sie ruhig etwas „faul" sein und eine einfache Botschaft senden, die Sie absolut beherrschen und/oder von der Sie wissen, dass Ihre Zuhörer darauf positiv reagieren. Bitte verwechseln Sie das nicht mit heruntergeleierten Vertriebskennzahlen. Beginnen Sie beispielsweise mit einer interessanten Begebenheit oder Anekdote aus Ihrem beruflichen Umfeld oder Ihrem Privatleben und leiten Sie damit kreativ zu Ihrer Kernbotschaft über. Hier einige Fragen als „bunte" Ideenimpulse für eine Begebenheit, die Sie als Startkapital nutzen können (falls Ihnen auf die nachstehenden Fragen spontan eine Idee kommt, einfach gleich Stichworte notieren):

Welches Erlebnis mit Kunden hat Sie geprägt, verwundert, erschreckt oder gar zum Lachen gebracht?

_____

Was ist spannend an Ihrem Hobby und wo liegen die Parallelen zu Ihrer Kernbotschaft?

_____

Welche natürliche, ehrliche oder naiv-weise Botschaft hat ein Kind, Ihr Kind, Ihr Enkelkind oder das Kind eines Bekannten von sich gegeben? Wie könnte man es auf Ihr Thema übersetzen?

_____

Welches Phänomen aus dem Tierreich kommt Ihrem Anliegen, Produkt besonders nahe?*

_____

*Buchtipp: „So managt die Natur – Was Führungskräfte vom erfolgreichsten Unternehmen aller Zeiten lernen können", von Matthias Nöllke, Haufe-Verlag 2003

Ängste, Fehler, Einwände

Welche Aussage oder Geschichte eines Prominenten hat Sie beeindruckt und was hat dies mit Ihrer Präsentation gemeinsam?

Diese Fragen sollten als Startkapital vorweg schon die ein oder andere Idee bei Ihnen auslösen. Später erfahren Sie mehr über eine systematische Methode, die ich IDEAL-Technik nenne, um mit Ihrer Präsentation die Kunden noch kreativer zu begeistern.

„Eine Idee ist immer so stark wie die, die sie weitertragen."
Norbert Stoffel

„Einwand-Wunsch", „Pauschal-Torpedos", Störer & Co.

Der beste Sieg über die eigene, mentale Angst ist eine professionelle Vorbereitung. Nutzen Sie jetzt die Chance, sich selbstbewusst in die Rolle eines „persönlichen Feindbildes" in Bezug auf Ihre Person und Ihr Produkt bzw. Dienstleistung zu versetzen. Stellen Sie sich vor, Ihre härtesten Kritiker oder Mitbewerber sind Ihre Zuhörer.

Welche Einwände oder provokanten Fragen könnten diese *in Bezug auf Ihr Produkt/Dienstleistung* (linke Spalte bitte fortführen) anbringen?

▸ Viel zu teuer ...	
▸ Ihre Qualität soll ja nicht so berühmt sein?	
▸	
▸	
▸	
▸	
▸	
▸	
▸	
▸	

Wenn Sie die linke Spalte ergänzt haben, dann gehen Sie bitte die rechte Spalte an und formulieren Sie taktische Antworten darauf. Denken Sie immer daran, dass Sie hier die große Chance haben, ohne Zeitdruck die beste Antwort zu suchen. In der Praxis müssen diese Argumente dann wie aus der Pistole geschossen kommen, und Sie werden sehen, Ihre Zuhörer werden von Ihrer „Schlagfertigkeit" beigeistert sein.

Hier ein Beispiel auf den Einwand „zu teuer":

„Sie sprechen da einen sehr wichtigen Punkt an. Unsere zufriedenen Kunden wissen, dass sie der Preis, den sie für unser Produkt bezahlen, nur am Tag des Einkaufes interessiert. Die damit verbundene Qualität begleitet sie jedoch während der gesamten Lebensdauer ... Darf ich Ihnen kurz unseren Qualitäts-Live-Test zeigen? ..."
Es ist wichtig, bei einem Einwand oder auch einer provokanten Frage erst einmal ruhig zu antworten und dem Zuhörer gleichzeitig zu **helfen, sein Gesicht zu wahren**. Ich halte dies für einen besonders wichtigen Punkt – Sie können mit einer fairen Botschaft mehr Herzen gewinnen als mit einem Frontalangriff. Selbst wenn die Person Sie persönlich beleidigt. Und

wenn Sie dabei niveauvoll reagieren, dann haben Sie beim restlichen Publikum sicher mehr Sympathiepunkte als der Angreifer geholt. Anders verhält es sich, wenn dieser nicht aufhören kann (aber dazu später mehr).

Gute Gesprächseinstiege für eine faire rhetorische Reaktionen sind beispielsweise:

- ▸ Sie sprechen da einen interessanten Punkt an ...
- ▸ Ein wichtiger Gedanke, den Sie da anführen ...
- ▸ Ich freue mich, dass Sie das so offen sagen ...
- ▸ Ich kann Sie da gut verstehen ...
- ▸ Ein wichtiger Gesichtspunkt, den Sie da ansprechen ...
- ▸ Danke, dass Sie gleich auf den Punkt kommen ...

Welche Einwände oder provokanten Fragen könnten diese *in Bezug auf Ihre Person* bringen?

▸ Haben Sie überhaupt Erfahrung in ...?	
▸ Zu jung/zu alt ...	
▸ Eine Frau/ein Mann in unserer Branche?	
▸ Zuverlässigkeit ...	
▸ Das ist doch nichts Neues ...	
▸ Sie wollen uns doch nur was verkaufen.	
▸	
▸	

Ich habe mir hier erlaubt, gleich mehr Einwände als in der vorangegangenen Tabelle aufzuführen, da die personenbezogenen Einwände in den Seminaren erfahrungsgemäß etwas zögerlicher kommen. Natürlich können Sie die Tabelle mit Ihren Botschaften und provokanten Fragen links ergänzen und rechts dann die Gegenreaktion ausarbeiten. Wichtig ist unter anderem, dass Sie speziell nach dem Aufschreiben die rechte Spalte in Ihre persönliche Sprache übersetzen, da die schriftlich formulierte Botschaft aufgesetzt wirken könnte. Je spontaner Ihre Antwort kommt, desto wirkungsvoller. Auf der echten Showbühne weiß man übrigens um diese große Wirkung und so werden nicht selten eingeweihte Zuschauer gezielt eingesetzt, um Fragen zu stellen, bei denen der Künstler dann zeigen kann, was er „spontan" drauf hat.

Später ...
und tschüss

Eine weitere Möglichkeit, auf einen Einwand zu reagieren, ist die folgende Technik:
„Danke für Ihren Hinweis, auf diesen Punkt kommen wir später zu sprechen." Damit hat der Zurufer sein Gesicht gewahrt und Sie können in Ruhe weitermachen. Zudem haben Sie ausreichend Zeit gewonnen, um darüber nachzudenken und später umso professioneller zu antworten. In 90 Prozent aller Fälle wird es übrigens keiner im Publikum merken, wenn Sie später gar nicht mehr auf diesen Punkt zu sprechen kommen. Seien Sie jedoch stets vorsichtig und auf die restlichen 10 Prozent vorbereitet, falls Sie tatsächlich einen hartnäckigen Menschen in Ihrer Präsentation sitzen haben sollten.

Ängste, Fehler, Einwände

Wie reagiere ich auf folgende *„Pauschal-Torpedos"*?:

▸ Absoluter Blödsinn, was Sie da erzählen ...	
▸ Frauen und Technik ...	
▸ Das kann ja jeder behaupten!	
▸ Das ist doch Zeitverschwendung!	
▸ Es geht doch eh nur um das Geld!	
▸	
▸	
▸	
▸	

Hier ein Beispiel auf den Einwand „Absoluter Blödsinn, was Sie da erzählen ...":

Sie sind sehr mutig. Ich würde mich nicht trauen, die Untersuchung der Harvard University vom 28.7.2003 als Blödsinn zu bezeichnen, aber ich sage es niemanden weiter. Interessanterweise haben auch folgende deutsche Institute ... anhand von Fakten bestätigt ..., dass ...

Sie merken, hier erlaube ich mir bei einem „Pauschal-Torpedo" (also ein allgemeiner Angriff, der sich nicht nur in puncto Formulierung, sondern meist auch im abwertenden Tonfall von einem Einwand abhebt) etwas deutlicher zu werden. Nach wie vor gilt es hier vor allem, Niveau zu bewahren. Da jedoch von Rechtswegen in Deutschland vor dem Gesetzt die „Verhältnismäßigkeit der Mittel gilt", wende ich dies auch rhetorisch an und werde bei manchen Botschaften durchaus etwas deutlicher. Das Tolle daran: Hier können Sie sich darauf vorbereiten, worauf Sie vermutlich im Praxisfall unprofessionell reagieren würden. Nutzen Sie die drei weiteren leeren Felder in der linken Spalte für „Pauschal-Torpedos", die Kollegen, Zuhörer loslassen könnten. Erste Regel: Versuchen Sie es nicht persönlich zu nehmen, denn meist begeben Sie sich dann auf das Niveau des Angreifers. Meist helfen hier Fakten, ein gutes Zitat oder eine Prise Humor mehr als der große Hammer.

"Wenn Sie professionell vorbereitet sind,
kann es sogar sein, dass Sie sich künftig
einen Einwand wünschen."

Umgang mit Parallel-Rhetorikern

Es gibt leider immer wieder Menschen ohne Kinderstube, die
nichts Besseres zu tun haben, als während Ihrer Präsentation
mit dem Nachbarn einen munteren und unüberhörbaren
Dialog zu beginnen. Ich habe da meine eigene 4-Phasen-Stra-
tegie entwickelt:

Phase 1: Ich nehme mit der „Plaudertasche" gezielt Blick-
kontakt auf, reagiert dieser nicht, dann folgt …

Phase 2: Ich nähere mich bewusst dieser Person und meine
Stimme wird etwas lauter (das funktioniert übrigens auch auf
einem Podium, meist reichen hier nur ein oder zwei Schritte
in Richtung des Störers), ansonsten folgt …

Phase 3: Ich stelle demjenigen direkt eine Frage zum Thema
und werfe ihm manchmal sogar ein kleines Präsentationsob-
jekt zum Auffangen zu (damit gebe ich ihm die letzte Chance,
seine Aufmerksamkeit zurückzuholen und fair auf die Frage zu
antworten) oder er bekommt die …

Phase 4: Da er sämtlich Regeln missachtet hat, frage ich ihn offen und ehrlich, was ihn persönlich bedrückt bzw. weise ihn darauf hin, dass die anderen Zuhörer gerne die Präsentation miterleben möchten und wir gemeinsam um Ruhe bitten, andernfalls folgt ...

Phase 5: Sie bitten den Störer höflich, aber bestimmt, den Raum zu verlassen (als Präsentationsleiter haben Sie übrigens Hausrecht und können beispielsweise im Ernstfall sogar im Seminarraum eines Hotels davon Gebrauch machen).

Ich möchte an dieser Stelle ganz ehrlich bleiben. Nach über 10 Jahren Präsentationstätigkeit vor kleineren Gruppen und auf größeren Bühnen habe ich Gott sei dank noch nie von Phase 5 Gebrauch machen müssen. Phase 4 benötigte ich nur ein Mal. Phase 3 äußerst selten. In den meisten Fällen kam ich gut mit Phase 1 und 2 aus.

_____
_____
_____

Der Einkaufsleiter zum Neuling: „Nicht alle Präsentationen sind umsonst, einige werden auch abgesagt!"

Profi-Vorbereitung – Tipps & Tricks
für die tägliche Praxis

Den Unterschied zwischen dem „Profi-Präsenter" und einem „Durchschnitts-Zeiger" erkennt man vor allem an der Vorbereitung. Wer nicht genau weiß, wo die Fahrt hingeht, braucht sich nicht wundern, wenn er ganz woanders ankommt. Deshalb habe ich hier nachstehende Tipps zur „Profi-Vorbereitung" zusammengetragen, die am Ende des Seminarbuches auch als Komplett-Checkliste über alle Inhalte hinweg in Kurzform formuliert sind. So ist jede Ihrer nächsten Präsentationen blitzschnell gecheckt und Sie können ganz relaxt starten. Hier die ersten interessanten Botschaften:

Publikum

Das Wichtigste sind Ihre Zuhörer. Deshalb sollten folgende Fragen geklärt sein: (In Klammern finden Sie hinter der Frage immer das „Warum", also warum Sie diese Information benötigen oder wie Sie diese nutzen können.)

Ist die Anzahl der bei der Präsentation anwesenden Personen bekannt? (Nur so können Sie Ihre „Werkzeuge" der Präsentation optimal anpassen, Tischflipchart oder Beamer-Großleinwand. Manch einer wurde bereits überrascht, dass ihn bei der angenommenen 3-Personen-Präsentation ein 30-köpfiges Gremium erwartete.)

Kennen Sie die Vor- und Nachnamen sowie die Positionen der Teilnehmer bzw. bei Großpräsentationen zumindest die der Führungscrew? („Des Menschen Name ist sein liebstes Kind", so eine wichtige Tatsache. Wie wollen Sie Ihr Interesse an Ihren Zuhörern belegen, wenn Sie nicht einmal deren Namen oder Positionen kennen?)

Ängste, Fehler, Einwände

Haben Sie sich ein aktuelles Detailwissen über Ihre Zielgruppe angeeignet? (Überraschen Sie Ihr Publikum mit Insiderwissen. Recherchieren Sie im Internet, sammeln Sie aktuelle Zeitungsartikel, fragen Sie Mitarbeiter, analysieren Sie Mitbewerber, sprechen Sie den Hund des Geschäftsführers mit Namen an! In Ordnung, die letzte Option ist übertrieben – oder auch nicht! Ich brachte einmal dem Geschäftsführer eines großen Multimedia-Unternehmens als Präsent einen Knochen für seinen Riesenschnauzer mit. Er hat mich noch ein Jahr später begeistert auf diesen „Mentalanker" angesprochen.)

Spricht Ihr Publikum überhaupt Ihre Sprache? (Gerade bei Präsentationen im Ausland oder auch in der benachbarten Schweiz ist dies keine Selbstverständlichkeit. Planen Sie rechtzeitig eine Simultanübersetzung. Erleichtern Sie dem Übersetzer seine Arbeit, indem Sie ihm vorab ein Manuskript bzw. den groben Inhalt Ihrer Präsentation zusenden. So kann dieser sich professionell auf wichtige Fachbegriffe vorbereiten.)

Bringen Sie ein Präsent für Ihre Zuhörer mit? („Geben verpflichtet", so ein Ausspruch. Wenn Sie jetzt einfach nur geben, erst einmal ohne erwartende Verpflichtung, dann sind Sie ein wirklich guter Präsentator. Das beinhaltet, dass die Geschenke erst einmal nicht zu überdimensioniert sind, da sich der Kunde sonst „gekauft" fühlt. Das Besondere liegt hier eher in der Kreativität und/oder Botschaft. Dazu später mehr im Kapitel „Mentale Präsente".)

Gibt es Vorredner, wenn ja, kennen Sie diese? (Dies ist insbesondere wichtig, wenn Sie als einer unter mehreren Präsentierenden auftreten. Die Grundregel lautet: Bei einem schwachen

Vorredner sollten Sie gleich durchstarten, da dies den Unterschied zu Ihrer guten Leistung noch mehr unterstreichen wird. Bei einem sehr starken Vorredner sollten Sie wenn möglich eine kurze Pause einplanen, da Sie sonst dauerhaft dieses hohe Niveau halten müssen und immer an dessen Leistung im direkten Vergleich gemessen werden. Grundregel: Sprechen Sie jedoch nie schlecht über andere.)

Ort und Zeit

Sind Sie schon einmal zur falschen Zeit am richtigen Ort gewesen? Oder zur richtigen Zeit am falschen Ort? Oder Sie sind fast schon vor Ort z. B. in Mannheim und stellen fest, dass diese Stadt auf amerikanischer Straßenführung aufgebaut ist und Sie haben keine Ahnung, wo F7 zu finden ist? Diese und ähnliche Stresssituationen können Sie künftig entspannt vermeiden ...

Ist der genaue Präsentationsort samt Straße und Postleitzahl festgelegt? (Wer schon einmal einen Termin in Frankfurt am Main hatte und verwundert nach selbiger Straße in Frankfurt an der Oder suchte, weiß, wovon ich spreche. Auch ein „Sulzberg" gibt es nicht nur im Allgäu, sondern ebenso im benachbarten Österreich. Was bleibt, ist einzig und allein, dass Sie im jeden Fall zur richtigen Zeit am falschen Ort sind und nicht der Kunde ein Problem damit hat, sondern Sie. Deshalb kann hier allein schon die Frage nach der Postleitzahl wahre Wunder wirken.)

Kennen Sie die Räumlichkeiten und haben Sie Einfluss darauf? (Die Zuhörer sollen sich in erster Linie wohl fühlen. Findet die Präsentation nicht vor Ort beim Kunden statt, vielleicht ist er dann sogar für einen guten Tipp dankbar? Gerade bei Präsentationen vor großem Publikum ist der Raum von großer Bedeu-

Ängste, Fehler, Einwände

tung. Wir brauchen möglichst viel Ruhe, Sauerstoff und Licht und zwar in dieser Reihenfolge. Vermeiden Sie Störfaktoren wie Lärm oder beispielsweise der Blick durchs Fenster auf vorbeilaufende Personen. Sorgen Sie für frische Luft, für frische Gedanken und lassen Sie Ihre Präsentation im guten Licht erscheinen! Es versteht sich von selbst, dass Sie sich bei einer Empfehlung persönlich von Örtlichkeit und Service überzeugt haben. Wenn Ihre Kunden beispielsweise auf Ihre Empfehlung hin vergeblich nach einem Kundenparkplatz suchen und obendrein vom Pausenimbiss enttäuscht sind, haben Sie kaum gute Karten.)

Ist an die Sitztechnik und Bestuhlungsform gedacht? (Zur Sitztechnik – was hier sehr hochtrabend klingt: Wählen Sie im kleinen Kreis wenn möglich stets einen Platz im 90-Grad-Winkel zu Ihren Kunden. Warum Sie dies tun sollten, erfahren Sie im Kapitel „Big-Boss-Entertainment". Probieren Sie es einfach mal aus. Zahlreiche meiner Videoaufnahmen im Seminar belegen diese positive Wirkung. Bei größerem Publikum, bei denen die Zuhörer etwas mitschreiben möchten, wähle ich gerne die U-Form oder auch Hufeisenform, da mir persönlich die parlamentarische Aufstellung bei Erwachsenen zu schulisch erscheint. Bei Großveranstaltungen lässt sich dies jedoch oft nicht vermeiden. Dafür plane ich hier einen weiteren Gang in der Mitte als zusätzlichen Aktionskreis ein, um die Zuhörer bewusst einzubeziehen.)

Können Sie das Werkzeug der künstlichen Verknappung nutzen? (80 Personen sind zu Ihrer Vortragspräsentation geladen. Das ist schon eher eine Motivationsveranstaltung, die auch nicht mehr die U-Form zulässt – Ihr Publikum sitzt eben parlamentarisch. Wichtig ist es hier, erst einmal nur für 70 Personen aufzustuhlen und somit den Kreis künstlich zu verknappen.

Die Wichtigkeit und das Interesse an Ihrer Botschaft steigt nahezu proportional mit den weiteren Stühlen, die Sie jetzt „zusätzlich" organisieren.)

Können Sie die Kunden zu sich einladen? (Nicht nur aus Gesichtspunkten des eigenen Zeitmanagements ist das ein wichtiger Gedanke. Gleichzeitig können Sie hier „Unternehmenspower" und Kompetenz demonstrieren, wenn dies Ihre Örtlichkeiten unterstreichen. Speziell aus der Fertighausbaubranche bekomme ich immer wieder diese Aussage zu hören: „Wenn unsere Kunden erst einmal unsere Fertigung gesehen haben, ist das Haus zu 90 Prozent verkauft." Vielleicht können Sie auf eine ähnliche Art und Weise vor Ort von Ihrer Qualität überzeugen?)

Sind Beginn und Ende der Präsentation genau definiert? (Ersteres wird gemeinhin noch abgesprochen, doch wie sieht es mit dem Zeitrahmen aus? Die Geschäftsleitung verlässt zur nächsten Sitzung nach 15 Minuten den Raum und Sie hatten Ihr Highlight nach 20 Minuten geplant. Dies interessiert in diesem Moment niemanden mehr. Vermeiden Sie zudem wenn möglich einen Auftritt direkt nach Mittag- oder Abendessen, dann ist die Energie der Zuhörer meist im Bauch statt im Kopf und Sie haben es erheblich schwerer.)

Sind Ihrerseits ausreichend Anreise-Pufferzeiten eingeplant? (Viele Stresshormone sind heute immer noch hausgemacht. Eine Präsentation im abgehetzten Zustand kommt kaum professionell rüber. Planen Sie einen möglichen Stau oder einen verpassten Anschlusszug mit ein. Genießen Sie dann lieber die Ruhe, dass Sie etwas früher da sind und Sie werden deutlich souverän auftreten. Bei Veranstaltungen, die gleich am Morgen beginnen und entsprechend entfernt sind, reise ich stets am Vorabend an.)

Haben Sie die Zwischenfall-Handynummer Ihrer Kontaktperson? (Ich stehe im Schneesturm in Südtirol Richtung Fernpass. Aus mir unbekannten Gründen wird der Tunnel gesperrt – jetzt wird diese Kontaktnummer richtig wichtig. Ein Anruf kann hier bei schwindenden Pufferzeiten zwischen künftiger Kundenlust und Kundenfrust entscheiden. Keiner von uns kann Naturgewalten, Katastrophen, mehrere Ausfälle bei Flug oder Bahn vorausberechnen. Planbar ist jedoch die Erreichbarkeit Ihrer Kontaktperson.)

Technik

Ob wir uns unsere neuen Werkzeuge und Techniken wünschen oder sie verwünschen, liegt oft an der tatsächlichen Funktion – doch dafür sind wir zum größten Teil selbst verantwortlich.

Habe ich entschieden, mit welchem Medium ich präsentieren möchte? Tischflip, Overhead, Flipchart, Beamer, Video etc. (Nur so können Sie Ihre „Werkzeuge" der Präsentation optimal anpassen, Tischflipchart oder Beamer-Großleinwand. Dies ist einerseits von der bereits angeführten Zuhörerzahl abhängig, andererseits auch von den technischen Voraussetzungen vor Ort. Klären Sie diese rechtzeitig ab.)

Funktioniert der Overheadprojektor, hat dieser eine Halogenlampe/Abdeckmaterial? (Egal welche Technik Sie benutzen, das oberste Gebot lautet: Niemals zu 100 Prozent darauf verlassen! Testen Sie den Hellraumprojektor vor Ihrer Präsentation. Legen Sie eine Folie auf und stellen Sie gleich Position samt Schärfe ein. Vergessen Sie nicht, dass Projektoren mit Halogenlampen einige Sekunden brauchen, bis sie ihre volle Lichtleistung erreichen. Hier bietet es sich an, diesen von Anfang an eingeschaltet zu lassen und durch ein vollformatiges Abdeckblatt zu verdunkeln. So blenden Sie Ihre Zuhörer nicht und sichern sich trotzdem einen blitzschnellen Zugriff ohne Verzögerung. Ebenso sollten Sie die gesamte Verdunkelungsmöglichkeit im Raum prüfen. Vergewissern Sie sich auch, zu welcher Tageszeit Sie präsentieren werden. So mancher Präsentator wurde schon überrascht, weil er vormittags den Raum besichtigte und am Nachmittag durch schräg einfallendes Sonnenlicht seine Präsentation nahezu unsichtbar wurde.)

Habe ich funktionierende Flipchartstifte? (Auch wenn Sie ein vorhandenes Flipchart nutzen, bringen Sie stets Ihre eigenen Stifte mit. Nicht selten werden die Stifte vor Ort bis zum letzten Atemzug genutzt und dann nicht ersetzt. Hätte jeder Stift eine eingebaute Tankanzeige, müssten wohl 50 Prozent aller Flipchartstifte in Deutschland entsorgt werden. Noch ein Tipp: „Wer Großes zu sagen hat, nutzt große Stifte.")

Passen beim Beamer die Verbindungskabel und Systemvoraussetzungen? (Klären Sie im Vorfeld die Kompatibilität Ihrer Technik. Doch selbst eine sichere Aussage seitens des Technikers erspart Ihnen nicht den unmittelbaren Technik-Check vor Ihrer Präsentation. Verlassen Sie sich nur auf das, was Sie selbst überprüft haben.)

Ist mein eigener Laptop im Gepäck und habe ich meine Präsentation zusätzlich auf einem gängigen Datenträger dabei?
(Bringen Sie auf jeden Fall Ihren eigenen Laptop mit. Hier können Sie sich beruhigt darauf verlassen, dass entsprechende Programme auch funktionieren. Zusätzlich sollten Sie Ihre Präsentation immer auch auf einem anderen Datenträger mitbringen. Wenn Sie unter mehreren Vortragenden auftreten, kann dies enorm zeitsparend sein und ein Profitechniker wird Ihre Daten blitzschnell auf einen vorhandenen Computer aufspielen. Bei Großveranstaltungen geht dies sogar so weit, dass sich die Technikcrew auf einen Fremdlaptop gar nicht einlassen wird, sondern ausschließlich eine Präsentation über ihre Hardware zulässt.)

Habe ich an eine Infrarotfernbedienung gedacht? (Wenig Entertainment versprühen Beamerpräsentationen, bei denen der Vortragende immer zwischen Publikum und Laptop hin und her rennt, um das nächste Bild einzuschalten. Bitte keine Präsentation ohne Fernbedienung! Prüfen Sie vor Ihrem Auftritt, wie weit Sie sich vom Empfängergerät entfernen können und checken Sie die Batterien.)

Gibt es ein Beamerersatzgerät bzw. welche Alternativen habe ich bei einem Ausfall? (Wie bereits beschrieben, sollten Sie sich nie einzig und allein auf eine Technik verlassen. Bei Großpräsentationen ist sogar ein Beamerersatzgerät erforderlich. Ansonsten genügt mir auch ein Overheadprojektor im Falle des „Knock-out". Das bedeutet für mich, dass ich meine Präsentation nicht nur auf einem zusätzlichen Datenträger zusätzlich mit mir führe, sondern selbige auch stets als Foliensatz mitbringe.)

Ist eine entsprechend große Leinwand vorhanden? (Die Größe der Leinwand wächst proportional mit der Größe Ihrer Botschaft. Andersherum gesagt, setzten Sie lieber auf eine zu große als auf eine zu kleine Leinwand. Die Dialeinwand von zu Hause hat auf einer Präsentation vor beispielsweise 70 Personen längst ihren Wirkungsgrad mehr als überschritten. Gute Präsentationswände zeichnen sich zudem durch eine Spezialbeschichtung aus, die sich nicht zuletzt durch ihre erstaunliche Bildbrillanz bewährt haben.)

Stimmen die Video-Systemvoraussetzungen überein? (Bei Video gilt im Prinzip das Gleiche wie bei Laptop und Beamer. Klären Sie Systemvoraussetzungen rechtzeitig ab und testen Sie sie unbedingt vorab. Wenn Sie Ihre Videos nicht über Ihren eigenen Beamer präsentieren, sondern beispielsweise über einen Fernseher vor Ort, sollten Sie auch entsprechende Adapterstecker mitbringen.)

Brauche ich einen Video- und/oder DVD-Rekorder? (Bei Videorekordern gelten im Prinzip die gleichen „Gesetze" wie bei den anderen technischen Geräten. Sollten Sie einen DVD-Rekorder nutzen, vergewissern Sie sich, ob dieser nur Original- oder auch selbst gebrannte DVDs lesen kann. Nicht jedes deutsche Gerät kann übrigens auch amerikanische DVDs lesen.)

Ist die Ton-, Licht- und Lufttechnik geklärt? (Je nach Raumakustik kann es bereits ab 40 Personen sinnvoll sein, die Stimme durch gute Tontechnik zu unterstützen. Grundsätzlich sollte die Verstärkung möglichst Ihrer natürlichen Tonlage nahe kommen. Laufen Sie vorher durch den Raum und prüfen Sie mögliche Funklöcher und Rückkopplungen. Grundsätzlich sollten sich die Lautsprecherboxen immer vor Ihnen befinden. Sobald Sie sich selbst vor den Boxen bewegen, wird es vermutlich Rückkopplungen geben. Ebenso sollten Sie Licht- und Sauerstoffmöglichkeiten vor Ort prüfen. Ein zu dunkler Zuschauerraum schwächt die Aufmerksamkeit und eine sauerstoffarme Luft stielt die Energie.)

Brauche ich Musiktechnik für Pausen und Schlusseinspielungen? (Für jede entertainmentfähige Präsentation – zumindest bei Großgruppen – ist das ein wichtiger Punkt. Nichts ist schlimmer, als wenn man beim Eintreten in einen Saal minutenlang jedes Räuspern und Stuhlrücken hört. Ein Ende ohne Musik bleibt ein Ende, mit entsprechender Musik kann die gleiche Situation zum besonderen Finale werden. Dazu später mehr ...)

ICH

Das wichtigste Erfolgsrezept für Ihre Präsentation sind Sie selbst. Deshalb sollten folgende Fragen geklärt sein.

Bin ich gut vorbereitet? (Habe ich grundsätzlich das Gefühl, dieser Präsentation persönlich und fachlich gewachsen zu sein? Wenn nicht, dann rechtzeitig Monopoly – zurück auf Los, ziehen Sie nicht 2.000 Euro ein. Erkennen Sie frühzeitig Ihre Schwächen und arbeiten Sie daran, bis Sie das Gefühl haben, dass Sie jetzt alles fest im Griff haben – doch trauen Sie sich auch etwas zu.)

Habe ich das laute Vortragen der Präsentation trainiert?
(Nehmen Sie sich ein Beispiel an unseren Spitzensportlern.
Sicher, jeder Fußballspieler hat schon einen Freistoß ausgeführt, einen Elfmeter geschossen oder einen Einwurf platziert. Doch kein Profi wäre so vermessen, ohne Training zu seinen wichtigen Spielen anzutreten – das erlauben sich scheinbar nur Präsentatoren. Nutzen Sie moderne Aufzeichnungs-
techniken von Bild und Ton und setzen Sie wie Spitzensportler
auf mentales Training!)

Kenne ich meine Kernbotschaft? (Noch einmal: „Wer nicht
weiß, wo er hin will, braucht sich nicht wundern, wenn er ganz
woanders ankommt!" Menschen, die ihre Vorhaben und Ziele
ganz konkret formulieren, haben eine um 50 Prozent höhere
Wahrscheinlichkeit, diese auch zu erreichen.)

**Habe ich auf die wichtigsten Einwände spannende Antwor-
ten?** (Hier spielt die bewusste Auseinandersetzung im Vorfeld
die größte Rolle. Das kann sogar so weit führen, dass Sie sich
insgeheim den einen oder anderen Einwand wünschen.)

**Kann Ich positiven Einfluss darauf nehmen, dass die Handys
ausgeschaltet werden?** (Jeder Klingelton entzieht Ihnen Aufmerksamkeit. Besonders bei Großpräsentationen können Sie
vielleicht mit einen Augenzwinkern darauf hinweisen, dass
werdende Väter das Handy gerne anlassen dürfen. Damit ist
dann auch die Situation für alle anderen geklärt. Noch besser
ist es, wenn der Veranstalter das im Vorfeld für Sie anspricht.)

Weiß ich, wie und von wem ich angekündigt werde? (Sollten Sie vorweg von einer anderen Person angekündigt werden, ist es in Ihrem eigenen Interesse, entsprechende Informationen zu liefern. Eine kurze Vita mit Stichpunkten, die Sie dem Veranstalter überlassen, hat hier schon so mancher Überraschung vorgebeugt.)

Entspricht meine Kleidung dem Anlass? (Als Entertainmentgrundsatz gilt: „Immer einen Hauch besser gekleidet sein als das Publikum." Achten Sie auch auf scheinbare Details wie Krawattenlänge, saubere Schuhe und kleine Fusselchen auf dem Anzug. Speziell als Frau sollten Sie darauf achten, dass Sie nicht zu viel Haut zeigen. Dies lenkt nicht nur von Ihrer Botschaft ab, es stielt zudem den wichtigen Kompetenzvorsprung gegenüber der Männerwelt.

Habe ich wenig gegessen und viel Ruhe? (Wer vor seiner Präsentation zu schweres Essen zu sich nimmt, hat die Energie im Bauch und nicht im Kopf. Ebenso sollten Sie besonders kohlensäurehaltige Getränke und Alkohol vermeiden. Ersetzen Sie diese Vorhaben lieber durch etwas Ruhe und gehen Sie Ihre Präsentation mental noch einmal durch. Lassen Sie sich auf keinen Fall auf Experimente und kurzfristige Tipps von Kollegen ein. Der „geheime" Feigen-Ess-Tipp zum Lampenfieberabbau führt sicher etwas ab, doch bestimmt nicht das Lampenfieber.)

Impulse, Ideen und Werkzeuge für Ihre Präsentation

Bekannte Hilfsmittel auf neue Weise einsetzen. Visitenkarte, Tischflip, Pinnwand, Overhead, Laptop & Co.

Der Hilferuf einer Visitenkarte

„Hier mein Leben wohl beschrieben,
übergeben bin ich schnell, Ihr Lieben;
ausgetauscht, blitzschnell verschwunden,
halt, ich wollte doch noch kurz bekunden,
wie besonders mein Überbringer sei,
das ist mein Beruf – bitte helft mir dabei"

Nahezu jede Präsentation mit Neukundenkontakt beginnt oder endet mit der Übergabe Ihrer Visitenkarte. Eine Handlung, die von Ihren Kunden bereits unterbewusst bewertet wird. Handelt es sich um eine eher billig anmutende Karte, wird der Empfänger dies, meist ohne dass er es selbst bemerkt, auf Ihre Botschaft oder Ihr Produkt übertragen. Eine gute Visitenkarte braucht nicht nur optische, sondern auch haptische, sprich: zum Greifen nahe Qualitätsmerkmale. An dieser Stelle möchte ich noch kurz meinen „AAG-Ansatz" erläutern. AAG steht für: „Anders Als die Gleichen!" Noch lieber spreche ich in meinen Seminaren von angepasstem antizyklischen Verhalten. Das bedeutet: im Detail gerne etwas Besonderes, aber bitte nicht zu übertrieben.

Hippokrates hat einmal gesagt: „Ob etwas Gift oder Heilmittel ist, bestimmt allein die Dosis." Und genau dies trifft natürlich auch auf Ihre Visitenkarte zu. (siehe PS in der Einleitung)

Es geht zum einen darum, dass Ihre Karte authentisch zu Ihrer Person und Ihrem Produkt passt, zum anderen, dass Sie beim Kunden einen so genannten Mentalanker schaffen, damit er Ihre Visitenkarte nicht so einfach vergisst. Ein Modedesigner überzeugt beispielsweise mit einer in dezentem Schwarz gehaltenen, transparenten Fenstervisitenkarte. Der besondere Massivholzschreiner dagegen mit einem bedruckten Echtholzfurnier. Es gibt nur noch wenige Materialien, die sich nicht bedrucken lassen, fragen Sie doch einfach mal Ihr Druckstudio vor Ort. Vielleicht lässt sich schon hier eine direkte Verbindung zu Ihrem Produkt herstellen?

Fotovisitenkarte Für einen außergewöhnlichen Eindruck eignen sich auch hochwertige Fotovisitenkarten. Wie bereits erwähnt, kommt Bildern hinsichtlich ihrer Wirkung bei Präsentationen eine enorme Bedeutung zu. Diesen Vorsprung können Sie natürlich auch mit einer Fotovisitenkarte nutzen. Ein Bild Ihrer Person oder das Ihres Produktes wird sich der Kunden ganz anders einprägen als allein stehende Lettern. Die Kunst liegt einzig und allein darin, dass die Karte trotzdem seriös und edel wirkt, da Fotovisitenkarten durchaus kitschig aussehen können.

Telefonkarte Neu sind auch Visitenkarten, die auf Telefonkarten gedruckt werden und so dem Kunden zusätzlichen Nutzen bringen.

Doch was tun, wenn ich meine Visitenkarte schon habe oder mit einer im einheitlichen Unternehmensdesign arbeiten muss – wo liegt hier die Show oder das Entertainment? Hier zwei Möglichkeiten, die ich beide sehr gerne einsetze. Zum einen die so genannte Visitenkartentasche. Dabei handelt es sich um ein kleines, transparentes Täschchen mit Klettverschluss, wohlgemerkt eine Investition im Cent-Bereich. In dieses Täschchen gebe ich von mir stets drei Visitenkarten. Werde ich nach meiner Karte gefragt, übergebe ich das Täschchen stets mit den Worten: „Eine für Sie und zwei für Weiterempfehlungen." Selbstverständlich behält der Kunde die Karten mit dem Täschchen und meine Botschaft unbewusst im „Hinterkopf". Ich habe Kunden, die sprachen mich sogar ein Jahr später speziell auf dieses nette Täschchen an. Es war also genau nach meinem Vorhaben mental positiv bei ihnen verankert. Gerade in Kombination mit einer weiteren Karte, z. B. eines Partners, hat dieses Täschchen weitere Vorteile. Stellen Sie sich vor, Sie präsentieren als Immobilienberater im Namen der örtlichen Bank beim Kunden ein interessantes Objekt. Am Ende übergeben Sie das Täschchen mit den Worten: „Eine Karte von mir, eine weitere für Weiterempfehlungen und die dritte von unserem Finanzberater Herrn Hubert Meier im Hause – gerne wird er Sie bei Bedarf mit unseren guten Konditionen überraschen." Das wird insbesondere dann interessant, wenn selbiger Finanzierungsberater das Gleiche mit der Karte des Immobilienverkäufers tut. So verdoppeln sich in Teamarbeit zauberhaft schnell die Anzahl der potenziellen Kunden.

AAG –
das Visiten-
kartentäschchen
mit Klett-
verschluss

**Die „FGT"
(Fragen-
Gedankenlenker-
Technik)**

Okay, akzeptiert, es soll auch Menschen geben, die dieses Täschchen nicht einsetzen möchten. Wie wäre es dann mit folgender Variante: Ich nehme die Blankorückseite meiner Visitenkarte und schreibe mit meinem Füller eine offene Frage darauf. Um bei dem Immobilienverkäuferbeispiel zu bleiben z. B.: „Wie sieht Ihr Traumhaus aus?" Ein Vermögensberater notiert: „Was möchten Sie genießen?"

Der Verkäufer hochwertiger Klaviere fragt: „Kann man einen besonderen Klang fühlen?" Was passiert im konkreten Fall bei der Übergabe der Visitenkarte? Der Kunde erwartet eine Karte mit Zahlen, Daten, Fakten – wie gewohnt eben Name, Anschrift etc. Doch seine Erwartung wird im ersten Moment enttäuscht. Dies ist notwendig, um erst einmal die Aufmerksamkeit für das bekannte „Visitenkarte-Übergabe-Einsteck-Ritual" zu wecken. Allein die weiße Karte und die Handschrift werden sofort Neugier erzeugen. Jetzt kommt die nächste „Gemeinheit": Der Mensch kann sich jetzt, psychologisch gesehen, nicht von seinem ersten Gedanken trennen. Im ersten Fall sieht er vor seinem geistigen Auge sein Traumhaus und ist durchaus bereit, positiv gestimmt in das Gespräch einzusteigen. Der Vermögensberater malt ein mentales Genussbild und erleichtert sich damit den Weg zum Finanzierungsvertrag. Und der Musikalienhändler löst gezielt zum Bild auch eine Emotion aus. Bei meinen Kunden in der Farbenindustrie spreche ich deshalb immer davon, dass wir nicht Farbe verkaufen, sondern Emotionen in der Dose. Allen drei Fragen sind zwei Dinge gemein – die Visitenkarteübergabe wird mental verankert und löst beim Kunden jeweils ein individuelles Bild oder Gefühl aus.

Welche Frage(n) fallen Ihnen spontan bezüglich Ihres Produktes, Ihrer Person oder Ihrer Dienstleistung ein, die auf der Rückseite Ihrer Visitenkarte wirken könnte(n)?

_____

_____

Weitere Möglichkeiten mit der „FGT":
**Sie können sicherheitshalber mehrere Fragevarianten vorbe-
reiten und dann im letzten Moment die Karte ziehen, die genau auf den Kunden passt. Oder Sie entdecken im Eingangsbereich noch das Credo des Firmengründers – jetzt können Sie
Ihre Frage auf dessen Aussage abstimmen und damit besonders individuell überraschen.**

„Aufmerksamkeit ist der Meißel des Gedächtnisses."
Gaston de Lèvis

**Die Visitenkar-
tenbox**

Bei großen Präsentationen wäre es sicher vermessen, beispielsweise bei 100 Personen, jeweils einzeln die Visitenkarte
zu übergeben. Hier verwende ich gerne meine Visitenkarten-
box aus transparentem Pleximaterial, die ich meist an einem
Infotisch oder im Ausgangsbereich platziere. Diese besteht aus
einer Box mit Einwurfschlitz und einem daran befestigtem
Visitenkartenbehälter, der ein Paket Visitenkarten in Standard-
größe aufnimmt. Hinten an der Box befindet sich ein transpa-
renter Einschieber, in den ein Blatt mit individuellem Text ein-
geschoben werden kann. Der Interessent hat hier die Möglichkeit, gleichzeitig meine Visitenkarte aufzunehmen und durch
den Schlitz seine persönliche Visitenkarte einzuwerfen. Der
Text im transparenten Einschieber beschreibt, was der Interessent mit dem Einwurf seiner Karte bekommt. Dies kann weiteres Informationsmaterial sein, die Anfrage nach einer persön-
licher Kontaktaufnahme oder wie in meinem Fall die Aufnah-
me in den Verteiler meines kostenfreien Newsletter als Service
für besondere Kunden. Parallel lege ich stets eine Liste aus, auf
der sich Kunden zudem auch handschriftlich eintragen kön-

nen. Es stellte sich nämlich in der Praxis immer wieder heraus, dass einzelne Teilnehmer selbst zu wichtigen Businessmeetings ihre Visitenkarten nicht bei sich tragen.

**Die Visiten-
kartenbox
für Großpräsen-
tationen**

**Das gute, junge
Tischflipchart**

Das Tischflipchart halte ich unter anderem deshalb für besonders interessant, da es so flexibel und ausfallfrei einsetzbar ist wie kaum ein anderes Präsentationswerkzeug. Grundsätzlich wird Sie ein Tischflipchart eben rein technisch gesehen auch unter Extrembedingungen kaum im Stich lassen. Damit ist es Ihrem Laptop oder Beamer schon eine Nasenlänge voraus. Zudem lässt sich das Tischflipchart bei einem Teilnehmerkreis von 2 (im liegenden Format) bis 12 Personen hervorragend flexibel einsetzen. Gerade wenn Verkäufer Neukunden besuchen, wissen sie manchmal nicht, was sie dort tatsächlich erwartet.

Bild-Power

Ich möchte jedoch die spannenden Möglichkeiten eines Tischflipcharts kurz zurückstellen, um vorweg noch etwas zur Bildwirkung und den Einsatz von Bildern im Allgemeinen zu sagen. Sigmund Freud, einer der berühmtesten Wegbereiter der modernen Psychologie, überlieferte uns seine These des Eisbergmodells. Bei diesem Eisberg ragen nur etwa 10 Prozent seiner Größe, eben die Spitze des Eisberges, für uns sichtbar aus dem Wasser. 90 Prozent des Eisberges liegen jedoch unsichtbar unter Wasser. Dies verglich er mit unserer menschlichen Psyche und unseren daraus resultierenden Handlungen, die nur zur 10 Prozent bewusst und zu 90 Prozent unbewusst geschehen. Heute wissen wir nach modernsten Untersuchungen der Hirnforschung, dass Freud mit seiner These mehr als Recht hatte. Das heißt, dass sogar weitaus mehr als 90 Prozent unseres Handelns unbewusst gelenkt werden. Ich möchte es bildlich einmal so formulieren: Wenn auf der Eisbergspitze ein Robbenbaby sitzen würde, dann wäre dieses Baby gleich bedeutend mit der Größe unseres bewussten Handelns – alles andere ist Unterbewusstsein!

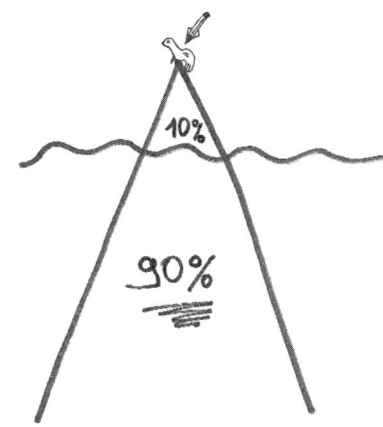

Mein bildlich übertragenes „Robbenbaby-Eisbergmodell" in Anlehnung und voller Hochachtung vor Sigmund Freud.

Jetzt kommt es: „Bilder und Emotionen wirken direkt im Unterbewusstsein." Keiner Ihrer Zuhörer kann hier über seine Ratio Ihr Bild wegfiltern, auch wenn er Ihnen erst einmal nicht zustimmen möchte. Das Bild kommt im Gegensatz zur reinen Daten-Zahlen-Textbotschaft direkt dort an, wo Sie es haben möchten, im Unterbewusstsein. Dies ist insbesondere deshalb wichtig, weil wir immer glauben, Kaufentscheidungen rein bewusst-rationell zu treffen. Tatsächlich entscheidet unser Unterbewusstsein und wir versuchen, diese Entscheidung im Nachhinein rational zu begründen.

 _____

_____

_____

Für diese Bildermacht und auch deren gefährlichen, manipulativen Auswirkungen gibt es insbesondere in den Medien immer wieder entsprechende Beispiele. Dies trifft jedoch ebenso im positiven Sinne zu. Als beispielsweise in den USA seinerzeit die Anschnallpflicht im Pkw eingeführt wurde, hatten gut gemeinte Sicherheitsaspekte und auch Androhungen von Verwarnungsgeldern laut Untersuchungen nur mäßige Erfolge. Erst als die Schauspieler im Fernsehen und im Kino begannen, sich ebenfalls anzugurten, schien das mentale Eis gebrochen. Die Bilder der sich anschnallenden Fernsehstars gingen direkt und ungefiltert ins Unterbewusstsein. Natürlich spielt hier auch die große Anzahl der Bildwiederholung eine Rolle, doch die eigentliche Macht ist auch hier dem Bild zuzuordnen. Aus all diesen genannten Gründen versuche ich das Eisbergmodell von Freud auf meine Präsentationen anzuwenden. Sei es mit Tischflipchart, Overheadprojektor oder Beamer – mein Ziel ist es, zum überwiegenden Teil durch Bilder zu wirken, wozu selbstverständlich auch Demonstrtionen und sprachliche Bilder zählen.

Zum Schluss noch drei goldene Entertainment-Regeln, wenn Sie Text benutzen:

▸ Je kürzer der Text, umso besser (wenn möglich nur ein Wort oder wenige Worte).

▸ Achten Sie auf die Schriftgröße – auch die letzte Reihe sollte den Text noch lesen können.

▸ Erzählen Sie nie genau das, was Ihr Publikum sowieso schon lesen kann! (Wenn Sie als Präsentator stets Wort für Wort das vorlesen, was dort steht, werden Sie Ihr Publikum irgendwann zum Gähnen langweilen. Zudem könnte man sich irgendwann fragen, warum Sie überhaupt da sind, wenn die Informationen sowieso ablesbar sind.)

_____

_____

_____

Doch nun zurück zum Tischflipchart. Bitte jetzt nicht erschrecken, mein Tischflip hat einen Namen, darf ich vorstellen: „Tina" – meine persönliche Referentin – genauer gesagt PräsenTINA. Klingt verrückt, ist es auch, vor allem in der Wirkung. Ich gebe zu, dass dieser Einstieg einer besonders positiven Beziehungsebene zum Kunden bedarf. Stellen Sie sich vor, Sie werden vom Kunden begrüßt, finden spontan ein gemeinsames freundschaftliches Gesprächsthema und der Kunde fragt dann nach dem neuen Produkt, das bereits vorab angekündigt wurde. „Das stellt Ihnen gerne meine persönliche Referentin ‚Tina', genau genommen PräsenTINA vor", können Sie dann spontan erwidern. „Wissen Sie, im Außendienst ist man so viel allein unterwegs, dass ich meinem Tischflipchart nicht nur einen Namen gegeben habe, inzwischen hat sie auch ein Gesicht – ich möchte fast sagen eine eigene Persönlichkeit. Darf ich Ihnen mal ein Bild von Ihr zeigen? Das ist ‚Tina'. Das Tolle an ihr – sie liebt unser Produkt, kennt alle Praxisvorteile für unsere Kunden, sprudelt nur so von Referenzadressen und mag besonders gerne Menschen, die nicht sofort nach Rabatten fragen."

Spüren Sie die zahlreichen Möglichkeiten, die Ihnen eine solche Personifizierung bietet? Sie entfachen Neugier, Sie können über die dritte Person (Tina) unterschwellig Dinge einbringen und Sie sind mit Ihrer Präsentation sicher „Anders Als die Gleichen". Wichtig ist an dieser Stelle das Feeling für die Situation. Diese Art der Präsentation kann einerseits ein voller Erfolg, andererseits auch ein Misserfolg sein. Beachten Sie bitte, dass wir trotz allem auf der seriösen Bühne Business sind und Ihre Botschaften nicht zu kitschig oder gar sexistisch werden dürfen. Eine Tina mit megatiefem Ausschnitt mag Ihnen gefallen, aber mit Sicherheit nicht jedem Kunden. Was wir brauchen, sind Sympathiebringer in Verbindung mit Ihrem Produkt. Bei weiblichen Verkäufern kann dieser Referent selbstverständlich auch ein Mann, natürlich mit anderem Namen, sein. Ebenso wäre in beiden Fällen auch eine nette Oma oder sportlicher Opa, ein Kind etc. abgestimmt auf Ihr Produkt denkbar. Wichtig ist, dass Sie sich vor Ort einfach auf Ihr Bauchgefühl verlassen. Wenn Sie denken, dass die „Chemie" noch nicht so stimmt und „Tina" in dieser Stimmung einfach zu viel wäre, dann öffnen Sie einfach Ihr Flipchart ganz normal und schlagen das erste Blatt – mit Tina – gleichzeitig mit dem Öffnen um. Andererseits kann es Ihnen beim nächsten Besuch auch passieren, dass Kunden ganz gezielt nach dem Befinden von „Tina" fragen, sollten diese Ihre Präsentation erlebt haben. Spätestens dann wissen Sie, jetzt sind Sie auf der mentalen Festplatte Ihres Kunden angekommen.

_____

_____

_____

Eine weitere Idee ist die bereits genannte „FGT" (Fragen-Gedankenlenker-Technik), die sich ebenfalls auf das Tischflipchart und viele weitere Medien, die wir noch ansprechen werden, hervorragend anwenden lässt. So besteht das Deckblatt Ihrer Präsentation, wie bei der Visitenkarte erläutert, beispielsweise nur aus einer einzigen Frage. Das kann übrigens auch einer der härtesten Einwände sein, die Kunden aufgrund mangelnder Information mit Ihrem Produkt verbinden. Stellen Sie sich vor, auf der ersten Seite steht nur: „TEUER?"

Dramaturgie mit dem Tischflipchart

Spätestens jetzt haben Sie das volle Interesse Ihrer Kunden. Der eine hält Sie für einen Gedankenleser, der andere für einen Aussteiger, ein weiterer ist nur gespannt, wie Sie jetzt Ihren Kopf wieder aus der Schlinge ziehen. Sie blättern noch einmal um und hier steht „EINEN MOMENT BITTE ..." und jetzt beginnt erst Ihre eigentliche Präsentation mit Argumenten, Nutzen, Referenzen & Co. Am Ende Ihrer Präsentation werden die meisten Ihrer Kunden die Frage eingangs bereits vergessen haben.

Doch auf dem vorletzten Blatt Ihres Tischflipcharts steht auf voller Blattgröße ein „NEIN". Wenn Sie an dieser Stelle angekommen sind, werden die Kunden erst einmal mit dem Wort nichts anfangen können, da die Frage schon eine Weile her ist. Wieder entsteht Neugier. Erwähnen Sie noch einmal die Frage eingangs und verweisen Sie kurz auf die enorme Anzahl der begeisterten Kunden, welche hier nur auszugsweise dargestellt werden konnten. Parallel zu diesen oder ähnlichen Worten blättern Sie ein letztes Mal um. „Sie fragen sich jetzt vielleicht, ob dieses Produkt wirklich so einzigartig ist, wie ich es Ihnen beschrieben habe?" Und auf der letzten Seite stehen dann nur zwei Buchstaben „JA" (dazu im Hintergrund ein Bild Ihres Produktes oder darum herum lauter Referenznamen und/oder Bilder von begeisterten Kunden). Dies ist ein tolles Schlussbild oder, wie man auf der Bühne sagen würde, Finale.

Auch bei der Arbeit mit Ihrem Tischflipchart sollte die Priorität eindeutig auf den Bildern liegen. Die sieben wichtigsten Kundenvorteile können Sie auch anhand eines Bildes erläutern, auf dem eine sympathische Person die Ziffer 7 nach vorne hält. Oder durch eines, auf dem Ihre Produkte bildlich so zusammengestellt wurden, dass es im optischen Ganzen eine Sieben ergibt. Genauso könnten sieben Ihrer Produkte in verschiedenen Farbvarianten nebeneinander fotografiert werden usw. Dies hat nicht nur den Vorteil der mentalen Bildwirkung, sondern erzeugt auch Neugier und Aufmerksamkeit beim Zuhörer. Langweilen Sie Ihr Publikum bitte nicht damit, dass Sie sieben Nutzen nacheinander aufgelistet haben und diese dann noch in selbiger Reihenfolge Wort für Wort vorlesen. Das können Ihre Zuhörer auch selbst, das ist wenig spannend. Selbstverständlich können und sollen Sie Ihre Bildpräsentation durch Charts, Zinsgewitter, Referenzschreiben, Zertifikate etc. auflockern. Aber bitte tun Sie dies nicht aus der Angst heraus, Sie würden ansonsten ein Bilderbuch präsentieren. Es kommt immer auf die Aussagequalität der Bilder in kreativer Kombination mit Ihrer Botschaft an. Beginnen Sie einfach einmal mit dem Versuch, in Ihre Präsentation einige wenige Bilder einzubauen. Später, wenn Sie ein noch besseres Bild-Präsentations-Gefühl bekommen haben, werden Sie immer mehr davon einbauen. Bitte beachten Sie jedoch stets folgende Prioritätenreihenfolge bei der Auswahl Ihrer Bilder:

‣ A –> Menschen
‣ B –> Emotionen
‣ C –> Maschinen

Wenn Sie z. B. eine Maschine anzubieten haben, zeigen Sie nicht „nur" Ihr Produkt, sondern im Vordergrund des Bildes glückliche Menschen, die mit Ihrer Maschine arbeiten. Beachten Sie dabei unbedingt, dass der Handwerker von nebenan die Botschaft vom besonderen Spezialdübel vielleicht authentischer vermitteln kann als das überschminkte Supermodel im Minirock. Die Bilder, von denen ich spreche, zeigen Menschen, die als solche durch ihre Persönlichkeit überzeugen und Emotionen auslösen.

_____

_____

_____

Noch drei kurze Fragen an Sie:
1. Haben Sie Familie?
2. Haben Sie ein Bild von Ihrer Familie?
3. Haben Sie einen Prospekt von Ihrer Familie?

Natürlich ist es wichtig, Prospektmaterial zu haben, doch von unserer Familie haben wir ein Bild, keinen Prospekt. Von unseren Freunden haben wir Bilder, ja auch ein Klassenfoto ist uns wichtig und selbst von unserem Hund haben wir ein Bild – nur nicht von unseren Kunden in ihren glücklichsten Momenten, ich spreche davon, wenn sie ihr Produkt genießen dürfen. Genau das sind die Situationen, in denen wir zur Kamera greifen sollten. Beim Einzug ins neue Eigenheim, bei der Übergabe des Neuwagens, bei der Auslieferung des Pianos, zur Einweihung der neuen Küche und vieles mehr. Wenn Sie in solchen Momenten Ihren Kunden vollen Herzens zu ihrem Erwerb gratulieren, zeigen Sie nicht nur Interesse, sondern bekommen meist auch die Erlaubnis für ein Foto. Psychologisch gesehen ist diese emotionale Bestätigung nach dem Kauf eines Produktes eines der wichtigsten „Werkzeuge", da hier der Kunde noch einmal die Bestätigung bekommt, die richtige Wahl getroffen zu haben. Im Digitalzeitalter machen Sie lieber ein paar Fotos mehr. Das Beste, lassen Sie sie dem Kunden später als Präsent zukommen und bitten ihn gleichzeitig darum, dieses besonders gelungene „Objekt" auch weiteren Interessenten zeigen zu dürfen. So haben Sie in Ihrem Tischflipchart künftig zahlreiche authentische Referenzobjekte, die sogar regionale Stile und Personen berücksichtigen.

Glaubwürdigkeit durch Referenzen Von den Referenzbildern noch kurz zu den Referenzschreiben. Diese sind ein sehr wichtiger Inhalt von Produktpräsentationen, da sie Ihre Glaubwürdigkeit untermauern. Diese meist auf DIN A4 ausgedruckten Schreiben stecken Sie direkt hochformatig in Ihre Flipchartmappe. Erzählen Sie einfach von Ihren begeisterten Kunden und blättern Sie nebenbei einige Seiten dieser Referenzschreiben vor. Kaum ein Kunde wird Sie dabei anhalten und die Schreiben einzeln lesen wollen. Deshalb ist es auch unwichtig, dass diese statt im Querformat im Hochformat gezeigt werden und dann noch in Schriftgröße 12 Punkt. Hier geht es lediglich darum, dass zwei Botschaften ankommen: „begeisterte Kunden" und „namhafte Unternehmen". Verrückterweise wollen Menschen erfahrungsgemäß immer das bekommen, was andere auch unbedingt haben möchten. Aus dieser Richtung kommt auch die Marketingstrategie der künstlichen Verknappung. Ich selbst habe dies anhand zweijähriger Beobachtung des Reklamationsverhaltens der Kunden in einem Freizeitpark analysieren können. War der Park stark frequentiert und die Familien mussten in langen Schlangen an den Attraktionen anstehen, gab es kaum Grund zu Beanstandungen. Bei geringer Besucherzahl hingegen hatten die Kunden, obwohl sie nun ohne Warteschlangen alle Geräte nutzen konnten, unglaublich viel zu reklamieren. Auf Ihr Tischflipchart bezogen bedeutet dies, dass Sie mit namhaften Referenzkunden genau diesen unterbewussten Besitztrieb für sich nutzen können. Obendrein erhöhen Referenzschreiben, wie beschrieben, Ihre Glaubwürdigkeit und schaffen Vertrauen.

Doch wie komme ich an solche Referenzschreiben? Die Antwort ist relativ einfach. Indem Sie systematisch danach fragen. Gewöhnen Sie sich an, jeden Kunden nach dem Erwerb Ihres Produktes offen zu beglückwünschen. In diesem Hochgefühl können Sie einfach um ein paar Referenzzeilen bitten, da für Sie ein solch „offenes Lob" von besonderen Kunden die beste Werbung sei. Merken Sie, in diesem Moment bitten Sie zwar um etwas, doch gleichzeitig geben wir ihm durch die Worte „besonderen Kunden" sofort ein Lob zurück. Dies ist elementar wichtig, da nach wie vor die persönliche Anerkennung in der Bedürfnispyramide der Menschen ganz weit oben steht. Auch wenn ich hier sehr oft von einem „Produkt" als solchem schreibe, möchte ich noch einmal daran erinnern, dass Selbiges auch auf Dienstleistungen zutrifft. Gratulieren Sie Ihrem Kunden dazu, den richtigen Partner gewählt zu haben und sagen Sie, dass Sie sich auf die erfolgreiche Zusammenarbeit freuen.

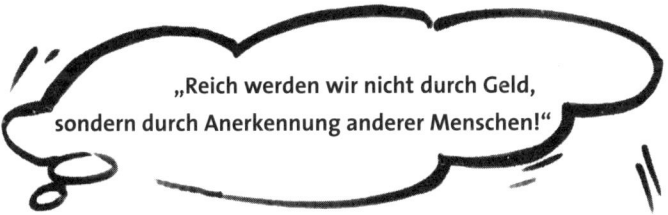

„Reich werden wir nicht durch Geld, sondern durch Anerkennung anderer Menschen!"

Das große Flipchart

Gerade bei Präsentation im mittleren bis großen Zuschauerkreis bietet sich das Flipchart hervorragend an. Gut, man kann es nicht gerade im Aktenkoffer mit sich führen oder vielleicht doch? Sie haben Recht, in den meisten Fällen werden Sie vor Ort ein Flipchart ordern können. Das Gute daran ist, im Gegensatz zu elektronischen Geräten kann hier kaum etwas schief gehen, außer Sie haben die Schrauben der Standbeine nicht kontrolliert und mitten in Ihrer Präsentation knallt die Tafel auf den Boden. Doch nun noch einmal zurück zur Frage: Gibt es eine Art Taschenflipchart? Die Antwort lautet: „JA!" Im Fach-

handel gibt es inzwischen DIN A3-„Flipchartrollen-Spender".
Verzeihen Sie, die Bezeichnung ist sicher keine Marketingspra-
che, doch kommt sie dem Ganzen sehr nahe. Sie haben hier
nur noch die Größe der zusammengerollten Blätter in einem
Kartonspender mitzutragen (ca. 8 x 8 Zentimeter auf etwa
60 Zentimeter Länge). Diese Blätter lassen sich nicht nur praktisch herausziehen, sie haben zudem den großen Vorteil, dass
die Rückseite der Blätter mit Haftkleber versehen sind. Dieser
hält auf nahezu allen einigermaßen glatten Oberflächen und
lässt Sie das Blatt rückstandfrei wieder abziehen. Jetzt werden
auch Zimmerwände, Raumteiler und Türblätter zur komforta-
blen Präsentationswand.

**Mehr Aufmerk-
samkeit durch
das selber zeich-
nen**

Wie bei allen Präsentationstechniken liegt die Priorität der
Wirkung auch beim Flipchart in der Macht der Bilder oder
sprachlich übertragbare Bilder. Jetzt werden sicher einige Leser
ins Grübeln kommen – „Ich und Bilder zeichnen?" Wenn ich
hier gleich Ihre Gedankengänge etwas bremsen darf, meine eigenen zeichnerischen Qualitäten sind ebenfalls eher unter-
durchschnittlich. Doch geht es hier nicht um Kunstwerke – dafür ist bei Ihrer Präsentation gar keine Zeit. Es geht darum, mit
wenigen Strichen etwas zu verdeutlichen. Eine Skizze mit dem
so genannten Zinsgewitter und den knappsten Eckdaten symbolisiert die Wachstumsrate Ihres Produkt sicher eindrucksvoller als eine überladene Overhead-Finanztabelle, die schon ab
der zweiten Reihe nicht mehr zu lesen ist. Wichtig ist auch
hier der Mut zum Weglassen. Beschränken Sie sich auf einige
wenige Zahlen, die kann sich der Zuhörer dafür auch besser
merken.
Es braucht sicher auch kein Kunststudium, um einen sympa-
thischen Smiley für eine sehr positive Botschaft zu zeichnen –

doch er wirkt. Auch die Spannung kann mit Zeichnungen deutlich erhöht werden. Wenn Sie beispielsweise eine bestimmte Umsatzzahl zu präsentieren haben, würden die meisten diese mit der Überschrift „Umsatz Quartal I – 2005" einfach auf das Flipchart schreiben und damit die Katze und auch die Spannung aus dem Sack lassen. Spannender wäre es z. B., diesen Sack einfach zu zeichnen ohne zu erläutern, was gleich kommt, darauf ein Dollarzeichen – fertig. Jetzt haben Sie die volle Aufmerksamkeit Ihrer Zuschauer. Keiner kann von dieser Zeichnung wegdenken und ist gespannt, welche Zahl Sie zu welchem Thema gleich preisgeben werden.

Jetzt habe ich vorrangig positive Botschaften angesprochen. Natürlich ist es ebenso möglich, über Zeichnungen Betroffenheit für besondere Situationen zu zeigen. Zum Beispiel könnten Sie die Metapher „Wir sägen uns den Ast ab, auf dem wir sitzen" zeichnerisch präsentieren. Die meisten meiner Seminarteilnehmer zeichnen dann einen Ast, darauf ein Strichmännchen und eine kleine Säge, die irgendwo in der Mitte ansetzt. Das ist so weit ganz schön für die Montagsmaler, aber weniger für eine spannende Präsentation. Allein die Zeichenzeit für Ast plus Männchen plus Säge wird so manche Aufmerksamkeit schrumpfen lassen. Zudem geht dann meist der Ast über die volle Blattbreite, der Mensch, der darauf sitzt, wirkt dann unterdimensional klein und die Säge, auf die es eigentlich ankommt, könnte von einem Zwerg sein. Außerdem ist man geneigt, zu diesem Bild wortwörtlich die Metapher auszusprechen, was nach den angeführten Präsentationsregeln bedeutet, dass wir wieder genau das Gleiche erzählen, was die Zuschauer selbst sehen können. Sollte uns das öfter passieren, langweilen wir unser Publikum damit.

Doch hier ein mögliches Bild zu dieser Metapher: Zeichnen Sie auf volle Blattbreite in einem Zug eine Riesensäge – mehr nicht! Stellen Sie sich vor, Sie beginnen so Ihre Präsentation und sagen erst einmal nichts. Jetzt haben Sie die volle Aufmerksamkeit, jeder ist neugierig auf das, was kommt, keiner kann von diesem Bild wegdenken. Selbst wenn Sie jetzt die

Metapher wortwörtlich bringen, haben Sie keine 1:1-Kommuni-
kationsdopplung. Die Zuhörer wissen jetzt erst, worauf Sie
hinauswollen und sind dann obendrein auf Ihre Ausführungen
gespannt, welchen Ast Sie denn meinen.

**Welche Ihrer Präsentationsbotschaften am Flipchart können
Sie mit wenigen Strichen zeichnerisch darstellen? (Auch wenn
Sie sich selbst keine zeichnerische Begabung zuschreiben, finden Sie mindestens drei weitere Möglichkeiten zusätzlich zu
den aufgeführten „Mutmach-Zeichenaufgaben" – es lohnt
sich!**

**Hier vier einfa-
che (die im Text
erwähnten) Bei-
spiele vorweg
(nur Mut und
einfach loszeich-
nen):**

Zinsmatrix „Zinsgewitter" mit Wachstum nach oben:

Der positive Smiley:

Das Säckchen mit dem Dollarzeichen:

Die Säge:

Meine drei eigenen Darstellungen, passend zu meiner Präsentation (auf die Linie die Botschaft/Aussage, darunter das Bild):

1.) ————————————————————

2.) ————————————————————

3.) ————————————————————

Impulse, Ideen und Werkzeuge

Noch drei Tipps am Rande:

1. Bitte bringen Sie immer, wie in der Checkliste bereits erwähnt, eigene Ersatzstifte mit, da die vor Ort liegenden meistens nicht alle gefüllt sind. Sie sollten auch mindestens zwei Farben mitbringen, damit Sie als Präsentator besser wirken können.

2. Nutzen Sie wirklich dicke Stifte – Jumbo-Größe. Je dicker die Stifte, desto mehr Power. Dies trifft auch auf das geschriebene Wort zu.

3. Sollten Sie Ihre Freude am Zeichnen gefunden haben, besorgen Sie sich am besten eine Kinder-Comic-Malschule im Buchhandel. Dort finden Sie genau die kleinen, aber wirkungsvollen Details, die wir für unsere Blitzzeichnung benötigen.

Zum Text auf Flipcharts bzw. allgemein bei Präsentationen:
Hier eine meiner besonders wichtigen Botschaften: **„Aussagen bitte so plakativ wie möglich – der Mut liegt im Weglassen!"**

Schreiben Sie nicht als Überschrift: „Ergebnisse der Studie zur aktuellen Marktsituation"
Schreiben Sie nur die Essenz daraus: „WAS IST?"
Oder noch spannender: „ESM" (... erfinden Sie Abkürzungen, die es noch gar nicht gibt! Neugier bringt Aufmerksamkeit)

Das Einzige, was Sie hier brauchen, ist etwas Mut zum Neuen. Spätestens wenn Sie dieses Weglassen ein paar Mal eingesetzt haben, werden Sie die Spannung samt Entertainment-wert nicht mehr missen wollen. Es gibt dabei nur eine einzige kleine Gefahr, dass Sie selbst zu viel Spaß daran finden. Wer nur noch in Abkürzungen, Bildern und Überraschungen kommuniziert, kann damit sein Publikum auch überfordern. Finden Sie Ihr Maß! Wobei ich quer durch alle meine Seminare folgendes Resümee ziehen kann: 90 Prozent aller Teilnehmer trauen sich zu wenig zu und sind nachher umso begeisterter über ihre eigenen Praxiserfolge!

„Sie haben Großes zu sagen, große Botschaften brauchen Raum (… und große Stifte – doch das wussten Sie ja schon).“

Noch ein weiterer Tipp zum Flipchart: für jede Botschaft ein Blatt!

Wirkung entsteht dadurch, dass Sie Wirkung auch zulassen. Stellen Sie sich eine alte Vase vor, die in einer überladenen Schrankwand steht, unter unzähligen anderen Dingen. Die gleiche Vase platzieren Sie jetzt allein an einer Zimmerwand, nur auf einem schlichten Betonsockel und mit einem feinen Lichtstrahl angeleuchtet. Aus der alten Vase wird damit eine historische Besonderheit. Genauso möchte ich, dass Ihre Botschaften zu Besonderheiten werden. Heben Sie Ihre wichtigsten Aussagen ins Rampenlicht und gestehen Sie ihnen genügend Raum zu. Weniger wichtige Botschaften lassen Sie entweder ganz weg oder erwähnen diese beiläufig im Text ohne große Flipchartnutzung.

„Der Preis der Größe heißt Verantwortung."
Sir Winston Churchill

Hier etwas Übungsmaterial für Sie. Versuchen Sie aus der jeweiligen Aussage eine entsprechende Essenz und anschließend eine mögliche Abkürzung herauszufinden:

Die Aussage Nr. 1 (Überschrift): **Enorme Vorteile der Zusammenarbeit mit unserem Unternehmen**

Eine mögliche Essenz daraus: _____

Eine mögliche Abkürzung: _____

Die Aussage Nr. 2 (Überschrift): **Zusammenschluss der Einzelhändler Innenstadt**

Eine mögliche Essenz daraus: _____

Eine mögliche Abkürzung: _____

Die Aussage Nr. 3 (Überschrift): **Marketingstrategie zur Verkaufsförderung der Xenonleuchtkörper**

Eine mögliche Essenz daraus: _____

Eine mögliche Abkürzung: _____

Anmerkung zur *Abkürzung*, Aussage Nr. 1 – EVDZMUU!? Sie merken, dass wir hier irgendwo gefühlsmäßig das Buchstabenmaximum überschritten haben. Besser wirkt das Ganze schon, wenn Sie Groß- und Kleinschreibung verwenden – „eVdZmu". Damit wird das Buchstabenmonster optisch kleiner und die Botschaft ist für Ihre Zuhörer nach Ihrer verbalen Auflösung besser nachvollziehbarer. Übrigens habe ich hier in der zweiten Version einfach das letzte „U" unterschlagen. Ich würde dann eben abkürzen und die „enormen Vorteile der Zusammenarbeit mit uns" präsentieren. Noch besser „VdZ" und fertig – Mut zum Weglassen!

Anmerkung zur *Essenz* aus Aussage Nr. 2 – Eine Möglichkeit wäre das alleinstehende Wort „einsam" mit einem Fragezeichen. Jetzt können Sie einige Fakten zur Entwicklung in Richtung Singlehaushalte und die daraus resultierende Einzelhandelsstruktur aufzeigen, um dann die drei Buchstaben „gem" vorne anzuhängen. Gleichzeitig streichen Sie das Fragezeichen durch und ersetzen es durch ein großes Ausrufezeichen. Kreativ wurde hier aus „einsam", das Wort „gemeinsam" und das Ausrufezeichen symbolisiert die Aufbruchstimmung, neue Wege zu gehen.

Anmerkung zur *Abkürzung* der Aussage Nr. 3 – Sicher kamen viele Leser zu dem Ergebnis „MzVdX" oder „MVX" – ja funktioniert! Ich möchte jedoch gleichermaßen Ihre Kreativität samt Spieltrieb entfachen. Das Wort „Verkaufsförderung" könnte man ebenso durch das Wort „Absatzsteigerung" ersetzen. Damit heißt die Überschrift: „Marketingstrategie zur Absatzsteigerung der Xenonleuchtkörper". Denken Sie nun an den Mut zum Weglassen. Die Wörtchen „zur" und „der" lassen wir einfach unter den Tisch fallen und was bleibt, ist das einprägsame Wort „MAX". Künftig sprechen Sie nahezu personifiziert über MAX (Erinnern Sie sich an Tina!). Vielleicht gehen Sie sogar so weit, gewisse Fragen in den Raum zu stellen: Was würde MAX (als gemeinsames Vorhaben) dazu sagen?

„Abkürzungen" wirken übrigens auch bei Zahlen enorm spannend. Die Kürzung liegt dabei nicht nur im Weglassen der Nullen, sondern insbesondere der Wertigkeit und Relation. Sie schreiben beispielsweise groß die Ziffer 63 auf die Tafel. Nun steigt die Spannung bei den Zuhörern. Meint der jetzt Prozent, Tausend Dollar oder gar Millionen Euro und wenn ja, dann in Bezug auf was? Hier waren es in einem Seminarbeispiel 63 Millionen Mobilfunkanschlüsse in Deutschland – ein Riesen-Marktpotenzial.

Welchen Aussagen aus Ihrer Präsentation können Sie durch Kürzungen (Essenz oder Abkürzung) zu mehr Wirkung verhelfen? Welche Zahlen können Sie durch „Abkürzungen" noch spannender präsentieren?

_____

_____

_____

_____

Erwartungen lenken und enttäuschen

Haben Sie schon einmal darüber nachgedacht, warum gute Kabarettisten ihr Publikum mit ihren Texten glänzend unterhalten? Oder worin die unschlagbare Stärke eines wirklich guten Witzes liegt? Einer der wichtigsten Gründe liegt darin, dass das Publikum überrascht wird bzw. man könnte auch sagen, deren Gedanken in eine Richtung gelenkt werden, um die Erwartung bewusst zu enttäuschen. Das Wort „enttäuschen" mag jetzt eher negativ klingen, doch genau das ist ein erfolgreiches „Werkzeug", das wir auch in der Präsentation nutzen können.

Mal ganz ehrlich: Wie viele langweilige Präsentationen mussten Sie in Ihrem Berufsleben schon durchstehen? Wir bringen diese Erlebnisse jetzt zu (Flipchart-)Papier.

Stellen Sie sich vor, Sie treten nach vorn und beginnen zu präsentieren: „Sehr geehrte Damen und Herren, wir haben uns heute eingefunden, um folgende Themen zu erörtern. Die Herkunft und damit verbundene Geschichte der Datenkommunikation. Die Darstellung von Übertragungstechnologien im Wandel der Zeit. Und die Spezifizierung gewachsener Ansprüche des Kundenmanagements." Parallel zu Ihren Ausführungen haben Sie die drei Stichpunkte auf ein Flipchartblatt als

Schlagworte notiert. Dann lassen Sie diese verbal ausgeführten Wortmonster auf Ihre vermutlich wenig motiviert dreinblickenden Zuhörer erst einmal kurz wirken.

Anschließend reißen Sie das Blatt ab, knüllen es zusammen und wenden sich wieder an Ihr Publikum: „Mal ganz ehrlich, will einer von Ihnen sich so etwas wirklich anhören? Nein, meine Damen und Herren, ich habe heute eine Besonderheit dabei, eine neue Handygeneration, die Sie und Ihre Kunden begeistern wird ..." Und nun legen Sie richtig los!

Was ich hier ausspiele, ist lediglich die Tatsache, dass immer noch viele Präsentationen sterbenslangweilig ablaufen. Ich nehme mein Präsentationsthema und formuliere daraus ein verbales Szenario, am besten mit vielen, leeren Worthülsen oder nichts sagendem Politikerdeutsch. Sollte Ihnen das übrigens besonders leicht fallen, müssen Sie aufpassen, ob sich diese Worte vielleicht sogar schon in Ihren Alltag eingeschlichen haben.

Nach dieser „Szenario-Aufzählung" genieße ich die aufgebaute Negativhaltung der Zuhörer und entlade diese entweder durch ein ausladendes Durchstreichen oder, noch besser, durch das Abreißen und Zusammenknüllen des Blattes. Jetzt haben Sie wiederum volle Aufmerksamkeit und Sie können nun Ihre tatsächliche Präsentationsbotschaft bestens platzieren.

_____

_____

_____

Die sportliche Flipchartvariante Gerade nach einem Präsentationsmarathon oder üppigem Mittagessen ist die Denkenergie Ihrer Zuhörer eher auf der Höhe des heimischen Sofas angelangt als bei Ihnen und Ihrer Präsentation. Insbesondere jetzt bietet sich folgende Methode an, die ich den „Staffellauf" genannt habe: Sie kündigen an,

Beim Staffellauf kommt es darauf an, vor wem Sie präsentieren. Wenn Sie beispielsweise Neukunden oder gar den Bankvorstand rennen lassen wollen, wird dies mit hoher Wahrscheinlichkeit Widerstände auslösen. Achten Sie deshalb auf Hierarchie und Beziehungsebenen

gleich ein Wort oder Thema zu nennen, auf dessen erste persönliche Assoziation es gleich ankommt. Die am nächsten zum Flipchart sitzende Person erhält als Erste den Staffelstab – bei uns den dicken Flipchartstift. Diese rennt zum Chart, öffnet den Stift, schreibt seinen Gedanken dazu auf, schließt den Deckel, rennt zum Nächsten, übergibt den Staffelstab und dieser läuft wieder nach vorn usw. Mit dieser Ankündigung kommt nicht nur Bewegung in den Raum, sondern auch in den Körper und die Gedanken der Zuhörer. Danach können Sie die angeschriebenen Begriffe aufgreifen und kreativ zu Ihrem Thema überleiten. Ich setze diesen Staffellauf bei mir am liebsten als „Duo-Staffellauf" mit zwei Flips ein. Dabei werden meine Zuhörer in zwei Mannschaften aufgeteilt und treten mehr oder weniger gegeneinander an. Erfahrungsgemäß ist dies bei größeren Gruppen noch kurzweiliger und gleichzeitig entsteht so der Wettkampfgeist, früher fertig werden zu wollen als die anderen. Wenn Sie das Gefühl haben, zu eifrige Zuhörer zu haben, sollten Sie darauf hinweisen, dass das oberste Ziel ist, verletzungsfrei wieder am Stuhl anzugelangen. Auch ein Hinweis, ausliegende Handtaschenschlaufen kurz einzuziehen, beugt hier so manchem Übereifer vor.

Wichtig ist, dass Sie das Thema erst ganz am Schluss nennen und gleichzeitig den Start freigeben. So kommt am meisten Spannung in diese Präsentationsvariante.

To-do: Folgendes Thema bzw. Themen oder Wort(e) könnte ich als einen Staffellauf assoziieren lassen:

_____

_____

_____

_____

_____

_____

**Zwei Präsenta-
tionsteilnehmer
live biem Staffel-
lauf**

**Der Overhead-
oder Hellraum-
projektor**

Auch wenn Sie es bestimmt schon ahnen, verweise ich wiederholt auch beim Overhead auf die Macht der Bilder. Einige besondere Praxisbeispiele dazu erläutere ich nachher, wenn es noch
um die professionelle Laptop- oder Beamerhandhabung geht.
Worauf Sie insbesondere beim Overhead achten sollten: Er
sollte, auch wenn er nur für einen kurzen Moment nicht genutzt wird, dann sofort abgeschaltet werden. Das grelle Licht
blendet nicht nur, sondern zieht Ihnen zudem Aufmerksamkeit ab. Bei Projektoren mit Halogenlampen sollten Sie einen
Karton oder ein großes Blatt bereithalten, mit dem Sie die
Lichtfläche am Overhead einfach abdecken. Halogenlampen
brauchen bis zu 15 Sekunden, um ihre volle Lichtenergie zu
entfalten. Das ist für echtes Präsentationsentertainment einfach zu lange. Wenn Sie mit einem Bild wirken wollen, muss
dies oft sekundengenau zu Ihrer Aussage an der Wand erscheinen. Bei Halogenlampen wird dann statt Betätigens des
Einschaltknopfs eben das Abdeckblatt hochgenommen.

Apropos abdecken: Wenn Sie schon mehrere Informationen
auf Ihrer Folie präsentieren, vergessen Sie nicht, diese erst
nacheinander aufzudecken, damit die Spannung erhalten

Impulse, Ideen und Werkzeuge

bleibt. Ansonsten ist es ungefähr so, als wenn Sie bei einem Krimi die letzte Seite zuerst lesen, erfahren, wer der Mörder ist, um dann gelangweilt mit der Einleitung zu beginnen.

Ich möchte jedoch nicht näher auf Abdecktechniken u. Ä. eingehen, da hier in der Literatur ausreichend Tipps vorhanden sind. Meine Aufgabe sehe ich vorrangig darin, Ihnen neben bekannten Dingen vor allem neue Denkanstöße anzubieten. Ich hoffe, dass der ein oder andere Tipp in diesem Buch weitere begeisterte Assoziationen für genau Ihre Botschaft auslösen wird. Übrigens freue ich mich immer über eine kurzes E-Mail mit Ihren kreativen Ideen und Praxiserlebnissen nach Anwendung einer der im Buch aufgeführten Werkzeuge – just do it! – **info@simsalaWIN.de**.

Hier deshalb noch eine Kreativ-Idee zum Overheadprojektor. Sie kennen sicher die so genannten „Balance-Balls", bekannt auch als Managerspiel auf dem Schreibtisch. Dies ist ein Gestell, an dem fünf oder mehr verchromte Kugeln hängen und angestoßen eine ganze Weile gegeneinander schwingen. Darum zeige ich stets, dass wenn eine Kugel zum Anstoßen in Bewegung gesetzt wird, deren Stoßkraft am anderen Ende eine Kugel von der Gruppe gelöst wird und nach außen schwingt. Setze ich zwei Kugeln in Bewegung, lösen sich auf der anderen Seite als Output-Energie auch zwei Kugeln von der Gruppe usw. Meine Botschaft dahinter: Je mehr Energie ich in etwas investiere, desto mehr kommt heraus. Oder wie es Hermann Gmeinder, der Gründer der SOS-Kinderdörfer formulierte: „Das Besondere in dieser Welt geschieht nur, weil einer mehr tut, als er muss!"
Besonders interessant wirkt das Modell, wenn Sie es auf den Overheadprojektor stellen. Jetzt können Sie dieses Gedankengut des einst kleinen Tischmodells auch 1.000 Menschen über den Projektor zugänglich machen. Doch auch vor 10 Personen wirkt dieses Managerspiel auf dem Overheadprojektor durch seine besondere Verwendung eindrucksvoller, als wenn Sie es

direkt präsentieren. Viel Spaß mit dieser Idee! Machen Sie sich auch Gedanken darüber, welche weiteren Objekte oder gar Produkte aus Ihrem Unternehmen durch Projektion über den Overhead wortwörtlich in ein besonderes Licht setzen können.

Die kleinen Tischmodell-kugeln ...

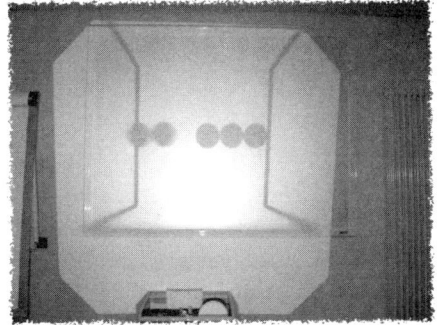

... im „Schein-werferlicht"

Die Pinnwand

Auch bei der Verwendung von Pinnwänden möchte ich mich sehr kurz halten. Nur so viel sei dazu gesagt: Diese verleitet Präsentierende oft dazu, den Spannungsfluss zu bremsen. Zuerst wird ein Kärtchen genommen, der Stift geöffnet, etwas darauf geschrieben, der Stift geschlossen, mit dem Kärtchen zur Wand gelaufen, eine Pinnnadel ergriffen und dann erst das Ganze angesteckt. Bei Workshops und gemeinsamen Ausarbeitungen mag dies angebracht, sogar gewollt sein, denn Kreativität braucht eben auch Denkzeit. Bei einer guten Präsentation brauchen wir jedoch eine gelungene Prise Entertainment. Dies bedeutet, dass wir ungewollte Leerlaufzeiten auf ein Minimum beschränken müssen.

Trotzdem greife auch ich bei Präsentationen hin und wieder auf die Pinnwand zurück. Aber mit dem Unterschied, dass ich meine Karten erstens schon vorgeschrieben habe und zweitens diese bereits verdeckt gepinnt wurden. Verdeckt bedeutet, dass die jeweilige Karte sich schon an ihrer Position befindet, jedoch umgedreht angeheftet wurde, damit die Spannung bleibt. Erst wenn ich zum jeweiligen Punkt komme, drehe ich die Karte um und hefte sie fest.

Dramaturgie bzw. Spannungsbogen an der Pinnwand. Die Karten werden zeitgleich zur Botschaft umgedreht.

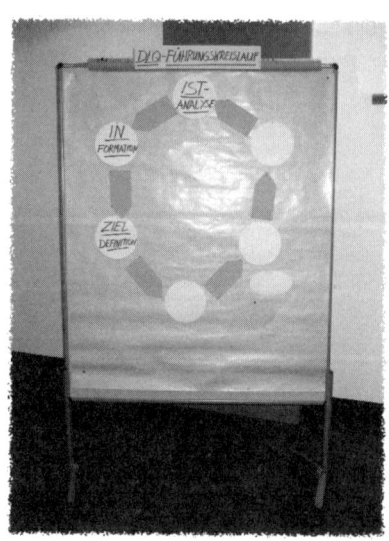

Der Beamer Jetzt kommen wir zu dem Medium mit unglaublich vielen technischen Möglichkeiten und damit verbunden unglaublich vielen Gefahren: Präsentationen, bei denen Sätze mit dreifachem Salto auf die Seite hüpfen, gleichzeitig Schuhmachers Ferrarimotor aufheult und das bei einem in sich bewegten Hintergrund. Das Ganze ähnelt dem Blick auf den Strip in Las Vegas mit der Frage, welches Glühbirnchen denn besonders hell leuchtet?

Ich möchte es einmal so beschreiben: Jeder Ihrer Zuhörer hat eine angenommene Gesamtaufmerksamkeitsenergie von 100 Prozent. Jetzt sind Sie aber vielleicht nicht der Erste und Einzige, der an diesem Tag auftritt. Zudem hängt das Unterbewusstsein Ihrer Zuhörer noch einigen unerledigten Aufgaben und wichtigen Terminen nach. Gleichzeitig ruft der Körper nach der lang ersehnten Pause und das üppige Essen gibt das Seine dazu. Das Ohr wird jetzt vom Ferrarimotorengeräusch abgelenkt, obwohl doch Ihre verbale Botschaft so wichtig sein soll. Auch der Buchstabensalto ist nett gemeint, doch fehlt die Energie für die Begeisterung für Ihr Produkt. Und der ständig lebend-wechselnde Hintergrund ähnelt hier einer Meditationshypnose.

Dies bedeutet in meiner Praxis, dass ich den Laptop samt Beamer mit seinen technischen Möglichkeiten sehr schätze, aber ihn mit den schlichtesten Mitteln einsetze, damit die Gesamtenergie an Aufmerksamkeit bei mir bleibt. Dies bedeutet für mich gleichermaßen, dass ich den Laptop nur partiell einsetze und zwischendurch mit leeren Schwarzfolien ausblende. Wenn ich die Hauptenergie eben gerade für mich oder beispielsweise beim Flipchart brauche, nehme ich die Energie und damit auch das Licht vom Beamer und hole sie mir möglichst komplett zurück. Dazu enthält meine Präsentation an bestimmten Stellen die angesprochenen Schwarzfolien, um dies zu ermöglichen. Das schließt natürlich nicht aus, dass Sie beispielsweise einen Kurzfilm einbauen können. Doch die Betonung liegt hier nicht auf Film, sondern auf kurz. Wichtig ist nur: Seien Sie sich bewusst, dass Sie damit Aufmerksamkeitsenergie abgeben mit dem Bewusstsein diese wieder zurückzugewinnen.

Grundsätzlich geht es darum: Der Laptop ist ein Begleitmedium, um Ihre Botschaft zu unterstreichen und nicht, um Ihnen die Show zu stehlen. Die Aufmerksamkeit muss letztendlich bei Ihnen bleiben und alles, was davon ablenkt, sollte eliminiert werden. Aus diesem Grund darf es zum Beispiel keine Beamerpräsentation ohne Infrarotfernbedienung geben. Es sollte nicht vorkommen, dass Referenten, die sich in Mimik und Gestik gerade warm laufen, dann schon wieder zum Computer laufen müssen, um über die Return-Taste das nächste Bild ansteuern zu können. Bewegung bindet immer Energie. Als Zauberkünstler beispielsweise würde ich nur dann bewusst nach links zum Laptop laufen, wenn ich die Aufmerksamkeit dort bräuchte, um von rechts unbemerkt einen Elefanten hereinschieben zu können.

Der Laptop oder Beamer als Begleitmedium bedeutet für mich wiederum, dass die Zuhörer ohne mich mit der Präsentation nur wenig anfangen könnten. Ich zeige auch hier vorrangig Bilder, auch emotionale Bilder, die vielleicht auf den ersten Blick nichts mit der Materie zu tun haben und löse diese anschließend spannend auf. Natürlich nutze ich gleichermaßen auch die beim Flipchart angesprochenen Essenz-Schlagworte oder Abkürungen. Doch das Zepter (in diesem Fall die Infrarotfernbedienung) bleibt in meiner Hand.

Bilder ohne Worte

Interessant finde ich deshalb auch immer wieder die Reaktion meiner Neukunden, die einen meiner Vorträge auf Empfehlung buchen möchten. Oft kommt dann die Anfrage, ob ich nicht meine Folien vorbeischicken könnte, damit sie sich ein Bild von meiner Präsentation machen könnten. An dieser Stelle muss ich innerlich immer etwas schmunzeln, weil sie so nur eine Reihe von Bildern vor sich hätten, ohne dass sie wüssten, um was es denn nun letztendlich ginge. Aber genau das macht ja die Besonderheit aus, von der diese neuen Kunden gehört haben und die sie erleben wollen. Wenn Ihre Präsentation ohne Sie als Person die ganze Aussage bereits liefern würde, könnten Ihre Kunden auch einfach die Präsentation ablaufen lassen.

Zurück zum Aufbau am Beispiel meiner Sim-Sala-WIN-Präsentation. Diese besteht zu einem großen Anteil aus Bildern mit oder ohne einigen Schlagworten bzw. Abkürzungen. Dazu kommen an bestimmten Stellen nur noch die beschriebenen Schwarzfolien, bei denen ich die volle Aufmerksamkeit auf eine besondere Geschichte, wiederum mit sprachlichen Bildern, ein Produkt, eine Interaktion mit den Zuschauern oder auf ein anderes Medium benötige. Fertig. Daraus ergibt sich auch meine „Spickzettel"-Vorbereitung. Ich lasse die Bilder verkleinert (bei PowerPoint die Druckfunktion – 9er-Handzettel), also jeweils neun auf je einer DIN-A4 –Seite ausdrucken. Darunter trage ich nun handschriftlich als Gedächtnisstütze einige für mich wichtige Signalwörter zum jeweiligen Bild ein. Ich schreibe meine Signalwörter bewusst nicht mit dem Computer unter die Seiten. Dies würde bei einem ähnlich gelagerten Vortrag und gleicher Zielgruppe dazu verleiten, diese abgespeicherten Informationen einfach mit auszudrucken. Für mich ist die aktuelle handschriftliche Auseinandersetzung mit dem Thema jedoch ein wichtiges mentales Training. Ich bereite mich so auf die individuelle Situation vor und lasse bewusst Raum für neue, kreative Ideen.

Während des Vortrages liegen somit (für die Zuschauer meist nicht erkennbar) diese Blätter übereinander auf dem Tisch. Jedes Blatt steht dabei wieder für neun Präsentationsbild-Botschaften. So kann ich mit einem beiläufigen Blick für einen relativ großen Zeitraum Reihenfolge und Signalwörter aufnehmen. Grundsätzlich sollte Ihre Präsentation so sitzen, dass Sie diesen „Spickzettel" eigentlich nur als Beruhigung dabeihaben und mehr oder weniger ungenutzt später wieder einpacken können.

Mut zu guten Bildern

Ich möchte Sie nun für einige Bilder begeistern, auch wenn Ihnen diese auf den ersten Blick fernab Ihrer Tätigkeit erscheinen. Es geht nicht darum, dass Sie künftig nur noch mit Bildern arbeiten. Ich möchte nur, dass Sie es einmal mit einem oder mit einigen wenigen Bildern versuchen, die neue Gedankenpfade öffnen und bei Ihren Zuhörern Betroffenheit auslösen.

Führen Sie sich eine Ihrer aktuellen Präsentationen vor Augen. Welche möglichen Assoziationen, Vergleiche, Überleitungen usw. fallen Ihnen bezüglich nachfolgender Bilder ein?

Lassen Sie Ihrer Kreativität freien Lauf. Notieren Sie unten den jeweiligen Bildern spontane Aussagen, die Sie zu Ihrer Präsentation assoziieren:

_____
_____
_____

_____
_____
_____

_____
_____
_____

_____
_____
_____

_____
_____
_____

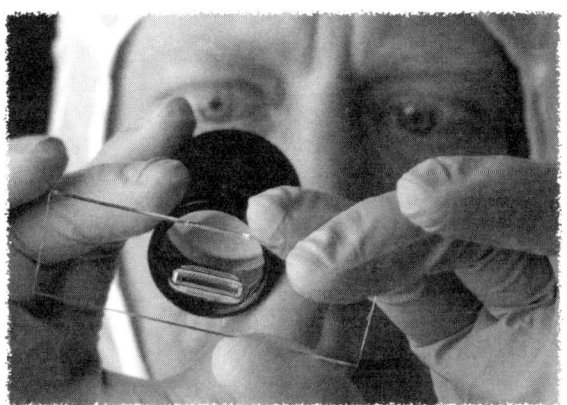

_____
_____
_____
_____

*Bildnachweis: MEV-Verlag; Bezugsadresse siehe Anhang

Impulse, Ideen und Werkzeuge

_____
_____
_____

_____
_____
_____

▸ *Schäferhund:* „Noch irgendwelche Fragen zum Thema?"

▸ Gockel: „Wir sollten unser Führungsverhalten gemeinsam überdenken."

▸ Kinder: „Haste schon gehört, die aus dem Vertrieb lehnen sich ja ziemlich aus dem Fenster."

▸ Sanduhr – z.B. als Schlussbild: „Lassen Sie uns die Zeit nutzen, packen wir es an!"

▸ Frosch: „Unser Mitbewerber bläßt sich derzeit ganz schön auf..."

▸ Arzt/Lupe: „Bevor Sie sich entscheiden, möchte ich Sie noch auf einige Details hinweisen..."

▸ Eurozeichen. „Wir konnten unsere finanzielle Talfahrt erfolgreich bremsen. Jetzt werden wir die Triebwerke starten!"

▸ Koch: „Und wenn wir noch so viel zaubern - die Suppe muss dem Gast schmecken, nicht dem Koch. Lassen Sie uns offen über die echten Wünsche unserer Kunden sprechen."

Serienmodell „Laura"

Dass die Arbeit mit Bildern nahezu grenzenlos ist, möchte ich Ihnen mit nachstehendem Beispiel aufzeigen. Es geht darum, z. B. ein neues Serienmodell einer Automarke auf besondere Weise zu präsentieren. Stellen Sie sich vor, Sie treten vor Ihre Zuhörer und beginnen nicht mit der üblichen Ankündigungszeremonie verbunden mit Schweiß- und Innovationsbotschaften, die im neuen Modell stecken. Nein, Sie fangen an, von Ihrer Tochter zu erzählen: „Sie heißt Laura und ist sechs Jahre alt. Was sie im Gegensatz zu vielen von uns Erwachsenen noch hat, ist das Funkeln in den Augen. Das Funkeln scheinbar grenzenloser Freude und Begeisterung. Freude und Staunen gleichermaßen für große Dinge und auch kleinste Details. Neulich hat sie mich gefragt: „Du, Papa, was kostet eigentlich unser Auto?" Ich habe darauf nur geantwortet: „Viel Geld!" Klar, ich war mit meinem Kopf schon wieder in der nächsten Projektgruppe. Später am Abend habe ich dann gedacht, schlimm genug, wenn man seiner künftigen Zielgruppe nicht mehr richtig zuhört, aber noch schlimmer, wenn es die eigene Tochter ist. Am nächsten Tag ging ich mit einer Bitte zu meiner Tochter:

„Laura, kannst du dem Papa einen Gefallen tun?" Sie antwortet: „Klar, Papa, was brauchst du?" Nicht zu denken, was wir Erwachsenen gesagt hätten, so etwas wie: „Was denn jetzt schon wieder?", oder: „Muss das unbedingt sein", oder: „Komm später wieder." Nein: „Klar, Papa, was brauchst du?" Also meinte ich zu ihr: „Stell dir vor, du würdest ein neues Auto bauen. Es soll das beste Auto der Welt werden. Was braucht das Auto alles und wie würde das aussehen? Kannst du mir das zeichnen?" Meine Damen und Herren, ich darf Ihnen nun das beste Auto der Welt präsentieren, gemalt von meiner Tochter Laura."

Jetzt blenden Sie dazu das Bild ein.

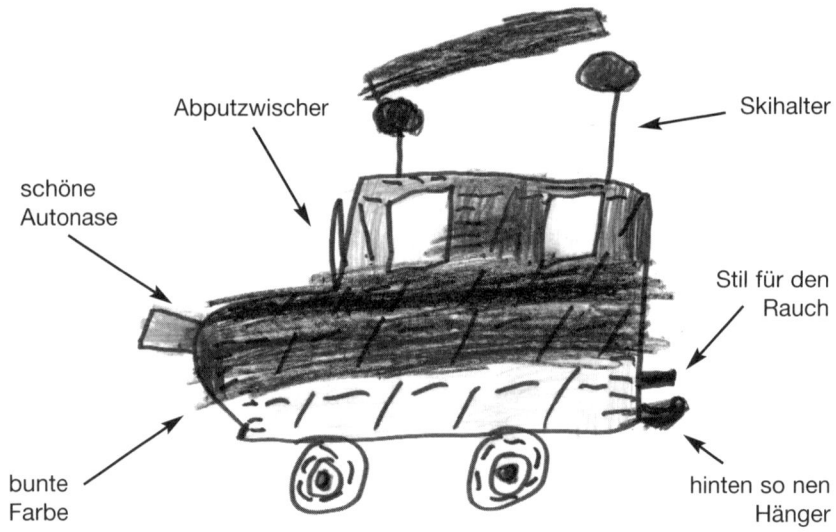

Abputzwischer Skihalter

schöne
Autonase

Stil für den
Rauch

bunte
Farbe

hinten so nen
Hänger

„Und so in etwa hat sie ihr Traumauto beschrieben. Wichtig waren ihr besonders „bunte Farben" (leider hier in schwarzweiß. Sie sollten die Wirkung einmal in Farbe auf Großleinwand erleben!) und eine „schöne Autonase". Das heißt, wir sprechen bei unserem neuen Modell vom besonders gelungenen Design und dem erweiterten Farbspektrum für unseren Kunden. Der Motor war ihr nicht ganz so wichtig, doch sollten wir erwähnen, dass wir diesen in sechs verschiedenen Varianten mit bis zu sportlichen 290 PS anbieten. Stolz war Laura auch auf etwas anderes – sie nannte es den „Stiel für den Rauch". Wir schließen dabei auf die enorm niedrigen Abgaswerte und das zukunftweisend umweltfreundliche Gesamtkonzept, auf das wir richtig stolz sein können ...".

Können Sie sich vorstellen, dass bei dieser Präsentation sich irgendjemand langweilt? Jeder ist neugierig auf das nächste Detail und bis zum Schluss bleibt die Spannung, wie die neue Modellreihe nun wirklich aussieht. Auf jedes beschriebene Fahrzeugteil zeigt, in dem Moment, in dem Sie es ansprechen, ein gezeichneter Kinderpfeil und Sie vergleichen stets unterhaltsam die Bezeichnung Ihrer Tochter mit dem tatsächlichen High-Tech-Fahrzeug. Von „Hinten so einen Hänger" bis zum wichtigen Detail des „Abputzwischers" präsentieren Sie echtes Entertainment.

Finden Sie Ihr Maß

Zum Schluss für Sie noch die kleine Information. Diese Präsentationsidee soll Ihnen die nahezu grenzenlosen Bildmöglichkeiten nur beispielhaft aufzeigen. Doch das Bild und die Ausdrücke sind echt. Eben tatsächlich von meiner sechsjährigen Tochter Laura. So baue ich bei meinen Präsentationen immer wieder Aussagen und/oder Ideen meiner Kinder ein und weiß aus der Präsentationspraxis um die enorme Wirkung. Natürlich braucht es hier Mut und vor allem ein gutes Gefühl für das Maß der Dinge. Hören Sie auf jeden Fall auf Ihr Bauchgefühl und/oder zeigen Sie Ihre Idee vorher einem guten Freund.

Ganz nebenbei: Auch Größen wie John Kerry kennen diese Macht der Kinder. Im amerikanischen Präsidentenwahlkampf setzte er dies bewusst gegen George Bush ein (lesen Sie mehr dazu später im Kapitel „Big Boss Entertainment").

To-do (als kurze mentale Insel): Denken Sie an Ihre Kinder, Ihre Enkel oder an ein Nachbarskind. Versuchen Sie sich an Aussagen zu erinnern, die Sie zum Nachdenken oder Schmunzeln

brachten. Versetzen Sie sich in die Lage eines Kindes. Wie würde ein Kind Ihr Produkt beschreiben? Wie würde es sogar Ihr Produkt nutzen? Notieren Sie sich hier ein paar spontane Einfälle:

_____

_____

_____

_____

_____

_____

_____

_____

Nachstehend noch zwei weitere Aussagen meines Sohnes Lukas zum Schmunzeln. Er beobachtet mich, wie ich vor Weihnachten einige Geschenke für meine Kunden verpacke. Seine Worte: „Papa, wenn ich mal groß bin, dann möchte ich Kunde werden!"

Eine andere Situation: Lukas abends beim Beten im Bett: „Lieber Gott, ich danke dir so, dass du auch einen McDonald's gemacht hast."

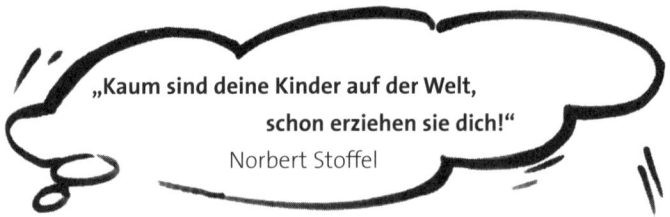

„Kaum sind deine Kinder auf der Welt,
schon erziehen sie dich!"
Norbert Stoffel

Zünden, begeistern und wirken mit Alltagsgegenständen

In der Zauberkunst gibt es die Sparte des „impromptu-magic". Dabei handelt es sich um das Zaubern mit Alltagsgegenständen. Gerade deshalb, weil Gebrauchsgegenstände vor Ort genutzt oder von Zuschauern geliehen werden, wirkt es besonders magisch, da diese Dinge ja nicht präpariert sein können. Ebenso wird es Ihnen bei Ihrer Präsentation ergehen. Sie zeigen Dinge, die von Zuschauern in diesem Rahmen nicht erwartet werden. Jeder ist gespannt, was das Ganze mit Ihrem Thema zu tun haben könnte – Ihr Publikum wird begeistert „ON" sein!

Um die unzähligen Möglichkeiten mit Gebrauchsgegenständen aufzuzeigen, folgen nun völlig unsortiert elf verschiedene Beispiele aus der Praxis. Nach jedem Beispiel finden Sie einige Zeilen Platz, um spontane Ideen oder Assoziationen bezogen auf Ihre Präsentation zu notieren.

Das eigene Produkt: An erster Stelle sollte naturgemäß immer das eigene Produkt stehen, mit dem wir Kunden begeistern. Doch was tun, wenn ich beispielsweise schlüsselfertige Traumhäuser anbiete. Diese kann ich ja nicht einfach unter den Arm klemmen und mitbringen. Dann müssen Sie eben mit Details Ihrer Produkte arbeiten. Eben ein solcher Hausverkäufer kam seinerzeit mit einem kleinen Quader aus Liapor zu mir, um seinen besonderen Baustoff anzupreisen. Er gab ihn mir in die Hand und sagte nur: „Spüren Sie doch mal, wie warm er sich anfühlt." Allein mit dieser Aussage hat er mir eine unterbewusste „Zauberbrille" (focusierende Wahrnehmungsbrille) aufgesetzt, denn plötzlich fühlte ich die Wärme.
Genauso verhält es sich, wenn Sie Schiffsmotoren bauen. Dann bringen Sie eben einen besonderes Detail mit, auch wenn es nur eine überdimensionierte verchromte Mutter ist, die Ihr Kunde dann als Briefbeschwerer nutzen kann. Bleiben

Sie Ihren Kunden kreativ im Gedächtnis. Doch was tun, wenn ich mehr oder weniger eine Dienstleistung für meine Kunden oder Kollegen erbringe und in diesem Sinne gar keine unmittelbare Hardware vertrete bzw. zur Verfügung habe? Nehmen wir das Beispiel eines Leiters einer Dokumentationsabteilung für Autostraßen im Maschinenbau. Dann treten Sie bei Ihrer nächsten Präsentation eben mit einer Rolle Zeichenpapier auf und werfen beispielsweise eine Frage in den Raum: „Wissen Sie, was ich hier in der Hand halte?" Erwarten Sie keine Antwort, machen Sie nur eine kurze Pause bevor Sie fortfahren: „Rund 100.000 Arbeitsstunden! (Pause) Hier in der Dokumentation entscheidet es sich nicht nur, ob der Kunde letztendlich den Auftrag bezahlt, sondern auch, ob wir selbst und andere auf Dauer organisierten Zugriff auf jedes Detail haben. Sie wissen, dass wir seit Anfang des Jahres aufgrund von Personalmangel das nicht mehr garantieren können. Das derzeitige Aufkommen würde weitere zwei bis drei Mitarbeiter voll auslasten. Doch was wir von diesen 100.000 Arbeitsstunden brauchen, sind lediglich acht. Acht Stunden, nur eine Arbeitskraft mehr, den Rest kompensieren wir 2005 durch ein starkes Team, das garantiere ich mit unserer Mannschaft!"

_____

_____

Die Sprache der Bilder: Der Autor zu Gast bei der Sparkasse Hochschwarzwald

Der Turnschuh Auf einer Deutschlandtour für Verkaufsführungskräfte war ich einer von sechs Referenten und hatte die Zusatzrolle des Moderators. Unter anderem war es meine Aufgabe, einen meiner Kollegen, Dr. Michael Spitzbart, anzukündigen. Gerade zu Beginn braucht man als Referent eben Aufmerksamkeit und diese Basis wollte ich Dr. Spitzbart geben. Ich stellte lediglich einen meiner Laufschuhe auf das Rednerpult und es wurde ruhig im Saal. Man spürte förmlich die vielen Fragezeichen. Im Saal saßen lauter Vertriebsprofis. Ich stellte gleich dazu eine Frage in den Raum: „Wissen Sie, was das Besondere an diesem Laufschuh ist? (Kurze Pause, ohne auf eine Antwort zu warten ...) Er ist **gebraucht**! Was wir zum nächsten Thema **brauchen,** ist ein echter Praktiker und Spezialist. Es geht um berufliche Fitness ... Er ist heute bei uns, der Arzt in Deutschland, der die erste Praxis für Gesunde in Deutschland eröffnete ... Dr. Michael Spitzbart!" Hier nutzte ich den gebrauchten Turnschuh lediglich, um kurze Neugier und damit Ruhe im Saal zu schaffen. Über eine kurze Assoziation gab ich die restliche Show dann an den Referenten ab.

_____

_____

Die Tee-Box Wer mich immer wieder verblüfft, das sind meine Teilnehmer in den Seminaren. Stößt man diese erst einmal mit einigen kreativen Ideen an, sind sie meist kaum noch zu bremsen. Einer von ihnen schnappte sich vom Kaffee-Tisch die komplette „Tee-Box" – ein Holzkästchen, in dem verschiedene Teesorten angeboten wurden. Er stellte diese vor laufender Videokamera auf den Tisch und stellte seinen Kollegen eine einfachen Frage: „Liebe Kollegen, wisst ihr, um was es heute geht?" Rätselnde Blicke wanderten durch den Raum. Seine Antwort: „Es geht um die vielen Vorteile der T-Box von T-mobile, herzlich willkommen!" Im Englischen spricht man hier von „Double Meanings", eben Zweideutigkeiten. Bestimmt gibt es auch bezogen auf

Ihr Produkt oder Ihre Dienstleistung die eine oder andere Idee dazu.

_____

_____

**Musik wirkt
direkt im Unter-
bewusstsein**

**Das Kurbel-
Musik-Kästchen**

Was mich schon als Kind faszinierte, waren diese kleinen Kurbel-Musik-Kästchen, die ich jetzt für meine Präsentationen
wieder entdeckte. Die sind doch viel zu leise für größere Veranstaltungen, denken jetzt vermutlich einige Leser. Aber genau
darin liegt das enorme Entertainment. Selbst in einem Raum
mit 50 Personen und mehr wird es plötzlich mucksmäuschen-
still, denn jeder will die Information „hören". Wenn Sie solch
ein Kästchen zudem auf einen massiven Tisch, z. B. den Refe-
rententisch, stellen, wirkt dieser als zusätzlicher Resonanzkör-
per. Ich verankere damit beispielsweise die Botschaft, dass eine
gute Präsentation auch eine Prise „Entertainment" benötig, indem ich nach meinen Worten an meinem Musikkästchen drehe und das Lied „The Entertainer" ertönt. Auch bei meinen Seminaren für Pianohausinhaber setzte ich dieses Werkzeug gerne ein, um das Thema „emotionales Verkaufen" zu transportieren. Musikalisch überrascht hat mich einmal ein Geist (ein Un-
sichtbarer, wie sich das gehört), der im Magic Castel in Los Angeles zu Hause ist. Ich trat an dessen Klavier und fragte: „Geist,
woher kommst du?" Darauf spielten unsichtbare Hände das
Musikstück „New York, New York"!

Allein die Ruhe und Emotion, die eine Spieluhr in einen Raum zaubern kann, ist magisch. Die Frage bleibt nur, welche Musik passt zu Ihnen bzw. zu Ihrem Produkt? Lassen Sie Ihren Gedanken freien Lauf.

Die Kerze

Da wir gerade bei emotionalen Botschaften sind, möchte ich Ihnen kurz die Kerzenidee vorstellen. Diese wirkt insbesondere dann, wenn Sie in einem Umfeld sind, in dem allein harte Daten und Fakten zählen, denn dort wird sie am meisten Aufsehen erregen. Beginnen Sie Ihre Präsentation beispielsweise mit den Worten: „Ich möchte die heutige Präsentation in ein *besonderes Licht* rücken." Dann zünden Sie die Kerze an. „Wie ich meine, so hatten unsere Mitarbeiter aus der Marketingabteilung eine *zündende Idee* ..." Jetzt bleibt die Kerze bis zum Schluss Ihrer Präsentation im Hintergrund einfach brennen und Sie zeigen die Vorteile dieser einzigartigen Marketingstrategie auf. Als Finale bedanken Sie sich noch einmal bei Ihren Zuhörern mit der Kerze in der Hand für das *brennende Interesse* an dieser Präsentation und wünschen einen guten Nachhauseweg und blasen gleichzeitig die Kerze aus (später dazu noch eine Erweiterungsidee).

Das bedruckte T-Shirt

Aufgrund der Zusammenarbeit mit Sim Sala WIN lobte die LBS Bayern ihr Jubiläumsjahr 2004 zum zauberhaften Jahr aus. Die Bausparberater und auch die Sparkassenverkäufer begannen in ihren Produktpräsentationen erfolgreich und zauberhaft neue Wege zu gehen. Aus dieser Zeit stammt auch der Auftritt eines Mitglieds der LBS-Geschäftsleitung. Er trat in den Saal der LBS München vor versammelter Mannschaft auf, seriös gekleidet im dunklen Anzug und begann mit seiner Ansprache. Nach einer Weile öffnete er den Knopf an seinem Sakko und sprach dabei weiter. Dann begann er sein Sakko auszuziehen und hängte es über den Stuhl – ein ungewohntes Bild für die Mitarbeiter. Doch das Geschäftsleitungsmitglied sprach unbeeindruckt von der eigenen Handlung weiter. Plötzlich lockerte er seinen Krawattenknoten, um dann ebenfalls seine Krawatte abzunehmen und über den Stuhl zu hängen. Inzwischen setzte im Raum das ein oder andere leise Tuscheln ein. Spätestens jetzt, als er sein Hemd aufknöpfte, hätte ein Elefant zur Hintertür eintreten können, dass würde kaum jemanden mehr interessieren. Tatsächlich zog er sein Hemd aus, legte es säuberlich über den Stuhl. Zum Vorschein kam ein schwarzes T-Shirt. Vorne war mit großen Buchstaben das Wort „Spießer" aufgedruckt. Ein Raunen ging durch den Saal. Er drehte sich um. Auf der Rückseite stand nun für alle zu lesen: „Nein, Bausparer!" Gelächter und begeisterter Applaus setzt ein – diese Präsentation übertraf sicher alle Geschäftsleitungsauftritte der letzten 75 Jahre. Das war ein riesiger, interner PR-Startschuss für den LBS-Werbeslogan 2005 „Spießer? Nein, Bausparer!".

_____

_____

Zitate leben

Ein gutes Zitat während einer Präsentation kann das berühmte Salz in der Suppe sein. Ein Zitat, das ich selbst gerne nutze, ist dieses: „Das Leben ist wie Bumerang werfen: Was man gibt, kehrt auch zurück!". Dieses Zitat lässt sich hervorragend für verschiedene Anlässe nutzen. Ich passe es stets individuell an: „Verkaufen ist wie einen Bumerang werfen, ...", „Mitarbeiterführung ist wie ...", „Kundenbegeisterung ist wie ...", „Eine gute Geschäftsbeziehung ist wie ..." usw. Doch steht das Zitat allein, läuft es Gefahr, zu wenig Aufmerksamkeit zu bekommen, vielleicht sogar etwas flach zu wirken und wieder vergessen zu werden. Speziell bei diesem „Bumerang-Zitat" nehme ich deswegen einen Zimmerbumerang dazu und lasse ihn fliegen. Erst wenn er wieder in meiner Hand landet, präsentiere ich das Zitat. Ich verspreche Ihnen – eine völlig andere Wirkung! Übrigens, einen Zimmerbumerang zu werfen, ist nicht sehr schwer. Es gibt sie aus Pappe, Kunststoff oder, wie ich einen verwende, aus Echtholzfurnier. Und Vorsicht, das Ganze wird Ihnen obendrein selbst Spaß machen.

Sie können an dieser Stelle natürlich auch eines Ihrer Lieblingszitate anführen. Überlegen Sie sich gleichzeitig, wie Sie diesem Zitat zusätzlich Leben einhauchen können.

Gleichklang, Gemeinschaftsgedanke ...

Der Präsentierende tritt auf, nimmt zwei Sektgläser zur Hand und stößt sie aneinander. Ein leiser, wertvoller und gleichzeitig angenehmer Klang summt durch den Raum. Seine Worte: „Was ich mir in unserem Team wünsche, ist mehr von diesem guten Ton, ich spreche von Gleichklang, Verständnis und noch besserer Zusammenarbeit." Sie können sich sicher die enorme Aufmerksamkeit für diese Präsentation zur Optimierung des Teamgedankens vorstellen. Im Moment des Gläserklingens hätten Sie eine Stecknadel fallen hören können . Umso gewichtiger klingt auch jede Aussage, die danach kommt. Ähnliches sah ich einmal bei einem amerikanischen Zauberkünstler, der zwei Silberdollarmünzen, balancierend auf seinen Zeigefingern, aneinander klingen ließ. Sollten Sie in der Finanzbranche tätig sein, rate ich Ihnen unbedingt dazu, den Klang zweier hochwertiger Münzen einmal wirken zu lassen.

Der Luftballon

Stellen Sie sich vor, eine Abteilungsleiterin tritt vor Ihr Team. Sie greift in ihre Tasche und holt einen gelben Luftballon heraus. Ohne Worte beginnt sie den Ballon aufzublasen. Die Ersten erkennen den weiß aufgedruckten Smiley. Jeder ist gespannt, was jetzt wohl kommt. Es wird still im Raum und nur wenige Worte folgen: „Liebe Kollegen, das ist die Menge an Energie, mit der ich morgens um 7 Uhr ins Büro komme." Sie lässt etwas Luft raus – wieder Stille. „Das ist sie gegen 11 Uhr." Wieder entweicht Luft. „Das um 17 Uhr." Der Ballon ist sichtlich kleiner geworden. „Und wenn ich um 19 Uhr das Büro wieder verlasse ...", jetzt lässt sie die gesamte Luft heraus, „... ist auch bei mir die komplette Luft raus! Liebe Kollegen ich denke, so geht es vielen von uns. Es ist an der Zeit, dass wir gemeinsam unsere Arbeitsabläufe hinterfragen. Lassen Sie uns heute mit diesem Brainstorming die ersten Schritte gehen."
Ein Ballon ist ein hervorragendes Instrument, um verschiedene Botschaften bildhaft zu zeigen. Ein kleiner Tipp am Rande: Lassen Sie den Ballon nicht platzen, das kann Zuhörer bis ins Mark erschrecken und ins Negative umschlagen. Wenn Sie sich mehr Bewegung wünschen, dann lassen Sie den Ballon lieber zum Schluss fliegen.

_____

_____

Das Geschenk

Verpacken Sie beispielsweise drei Dummys oder natürlich auch wirkliche Präsente mit Geschenkpapier und einer hübschen Schleife. Übergeben Sie nacheinander die drei Pakete an einzelne Zuhörer, jeweils mit der Frage: „Wenn das Ihr Geschenk wäre, was würden Sie sich wünschen?" Sie werden Antworten hören wie: „Ein Motorrad, ein Haus, Goldbarren usw." Fahren dann Sie fort: „Gut und was würden unsere Kunden sich von uns wünschen?" Jetzt haben Sie soeben einen mentalen Gedankenswitch bei Ihren Zuhörern herbeigeführt und das über einen sehr positiven Einstieg. Lassen Sie sich einfach von den Antworten überraschen wie: „Mehr ehrliches Interesse, weniger Hektik, besseren Service etc.".

Das Ganze lässt sich jetzt weiter steigern. Z. B. indem Sie den engagierten Wortmeldern zum Kundenwunsch jeweils dieses Päckchen überreichen. Hinten, wo sich die Geschenkpapierenden überlappen, ziehen Sie jetzt jeweils eine beschriebene Karte quasi als Vorhersage heraus. Sie wissen ja, was Ihre Kunden sich wünschen und konnten das vorher schon vorbereiten. (Wobei die Aussagen hier ja nicht eins zu eins stimmen müssen.) Für „mehr ehrliches Interesse" steht bei Ihnen „Feedback einfordern", für „weniger Hektik" könnte ebenso bei Ihnen „mehr Zeit" stehen, für „besseren Service" genauso „mehr Kundenorientierung".

Und selbstverständlich lässt sich auch das wiederum steigern, wenn sich in jedem Päckchen schon symbolisch ein kleines Geschenk als ersten Schritt für die jeweilige Person befindet. Im „Feedback-Karton" z. B. ein kleiner Tischspiegel, im „Mehr-Zeit-Päckchen" eine nette Sanduhr und im „Mehr-Kundenorientierung-Paket" ein Servicegutschein, in dem sich der Präsentierende verpflichtet, das Auto des Päckchenempfängers zu waschen.

Sie sehen, das Geschenk ist universell einsetzbar, um Zuhörer positiv gestimmt in die Rolle anderer zu versetzen. Sei es in die Rolle von Kollegen, Führungskräften, Kunden, Kindern oder anderen Personen – Ihre Zuhörer werden Freude daran haben.

Der Apfel

Der Präsentierende tritt mit einem leuchtend roten Apfel vor seine Zuhörer: „Sehr verehrte Damen und Herren, ein schmackhaft aussehender Apfel. Natürlich gereift an einem heimischen Obstbaum. Die Frage bleibt, was erwarten wir, wenn wir in einen solchen Apfel beißen? Klar, wir erwarten, dass er auch so schmeckt, wie er aussieht. Genauso geht es unseren Kunden. Sie sehen von außen unser schönes Servicecenter und erwarten das gleiche begeisternde Beratungsbild von uns im Hause. Ein Zitat dazu: „Wer nach außen gut sein will, muss nach innen exzellent sein!" Lassen Sie uns damit hier und jetzt beginnen. Ich möchte jedem von Ihnen deshalb diese Ideenkarte als Erinnerung mitgeben. Wir treffen uns genau in einer Woche um die gleiche Zeit wieder in diesem Raum. Ich werde dann mit vier Kisten schmackhafter Äpfel anreisen und für jede Idee nehmen Sie dann symbolisch einen Apfel mit nach Hause – vielen Dank!"

_____

_____

Die IDEAL-Technik – der Weg zu starken Präsentationsideen

Ich werde immer wieder von Teilnehmern nach einem „Werkzeug" gefragt, das hilft, auf solche und viele andere entertainmentfähige Präsentationsideen zu kommen. Die Frage geht in Richtung eines Kochrezeptes: Welche Zutaten muss ich nehmen, damit das Ganze ein Erfolg wird?
Ich denke, das einzig allein gültige Rezept gibt es nicht. Sonst dürfte es längst nur noch begeisternde Präsentationen geben. Trotz allem hoffe ich, zumindest mit der IDEAL-Technik eine mentale Grundrezeptur entwickelt zu haben.

Es geht darum, dass wir uns als Person in Bezug auf unsere neue Präsentation in folgende fünf „Regiestühle" setzten.

I llusionist (Show-Stuhl)
D rehbuchautor (Bilder-Stuhl)
E lfjähriger (Simpel-Stuhl)
A nalyst (Fakten-Stuhl)
L achfalten (Humor- und Emotional-Stuhl)

1. Der Stuhl des Illusionisten

Versetzen Sie sich tatsächlich einmal in die Rolle eines Illusionisten oder auch Träumers. Nur so entsteht überhaupt der Gedanke, dass man beispielsweise zu dem genannten Bumerang-Zitat tatsächlich einen Zimmerbumerang werfen könnte. Überlegen Sie sich, wo das Entertainment in Ihrer Präsentation liegt. Können Sie musikalisch, wie beim „Kurbel-Musik-Kästchen", etwas aussagen? Oder Sie haben Mut zur Verhülltechnik. Wieder andere präsentieren eindrucksvoll einen Alltagsgegenstand und schlagen spannend die Brücke zur eigenen Person oder zum Produkt. Lassen Sie den Illusionisten und Entertainer aus sich raus.

2. Der Stuhl des Drehbuchautors

Ich hoffe, dass ich die Macht der Bilder in diesem Buch annähernd wertschätzend aufzeigen konnte. Überprüfen Sie Ihre Präsentation diesbezüglich. Zeigen Sie starke Bilder auf? Gute Bilder können auch disharmonisch sein. Sie müssen nicht unbedingt auf den ersten Blick mit Ihrem Thema zu tun haben – sie müssen jedoch eins tun: Eine Wirkung bei Ihrem Publikum hinterlassen. Vergessen Sie dabei nicht die wichtigen „sprachlichen Bilder", die im nächsten Kapitel aufgezeigt werden.

3. Der Stuhl des Elfjährigen

In einem Manuskript mag die ein oder andere Worthülse oder Fremdwörterschlacht noch zu ertragen sein. Doch nicht in Ihrer Präsentation. Komplizierte Begriffe, die eigentlich erst einmal übersetzt werden müssen, bergen nicht nur Missverständnisse in sich – sie ziehen zudem „Übersetzungsenergie" ab. Ersparen Sie Ihrem Publikum diesen unnötigen zusätzlichen Energieaufwand, denn die Hauptenergie sollte bei Ihnen sein bzw. sich im Schlussapplaus entladen. Konkret: Sprechen Sie so, dass Sie auch ein Elfjähriger verstehen kann, ohne dabei naiv zu wirken! Das ist übrigens leichter gesagt als getan. Überprüfen Sie deshalb gerade neue Präsentationen immer mit dem „Stuhl des Elfjährigen". Erinnern Sie sich noch an die beschriebene Situation zu Anfang des Seminarbuches: „Ich sehe vor mir 150 sympathische Menschen und ich frage mich: Wenn Sie alle Berater sind, wer verkauft dann bei Ihnen?" Dies ist ebenso eine Möglichkeit, über den „Stuhl des Elfjährigen" eine Frage in die Praxis umzusetzen.

4. Der Stuhl des Analysten

Um dem Vorurteil vorzubeugen, dass gutes Entertainment (eben Showtime) mehr mit Comedy als mit einer seriösen Präsentation zu tun hätte, ist mir insbesondere der Stuhl des Analysten wichtig. Noch einmal zur Erinnerung: Wer Showtime in seiner Präsentation einsetzt, sollte sein eigenes Fachgebiet besser als der Durchschnitt beherrschen. Wenn schon fachliche Unsicherheiten im Raum stehen, kann zusätzliches Entertainment zum unbequemen Bumerang werden. Deshalb machen Sie zuerst die wichtigen Hausaufgaben. Informieren Sie sich genau über Ihre Kunden, versuchen Sie mehr über Ihr Produkt zu erfahren als Ihre Kollegen. Hinterfragen Sie gewisse Abläufe, bereiten Sie sich auf mögliche Einwände vor und machen Sie vom zehnfachen Nutzentrick der „Wolldecken-Dampfgeräte-Verkäufer" im nächsten Kapitel Gebrauch etc.

5. Der Stuhl der Lachfalten

Lachfalten stehen gleichermaßen für Humor als auch für Emotionen. Trotz aller analytischer Vorbereitung haben sie den Mut, vom Daten- und- Faktenzwerg zum Emotionsriesen zu wachsen und bestimmte Dinge auf den Punkt zu bringen. Ebenso verhält es sich mit dem Humor. Eine alte Bühnenregel besagt: Wenn Ihr Publikum das erste Mal mit Ihnen gelacht hat, haben Sie gewonnen. Was wir brauchen, muss nicht zwangsläufig ein Lachen sein. Zu Anfang genügt auch ein wohlwollendes Schmunzeln. Prüfen Sie Ihre Präsentation darauf, ob Sie auch entsprechende Emotionen und „Lachfalten" eingeplant haben.

Ich verkünde schon seit einigen Jahren die Wichtigkeit von Humor im Business. Ich komme mir dabei manchmal vor wie ein Eiswürfelverkäufer in Grönland. Und wenn dann wieder einer der Tage kommt, an denen man bei einem eigentlich freudigen Einkaufsbummel vom dritten grimmigen Verkäufer trocken abgefertigt wird, kann sich bei einem selbst so mancher Zweifel einschleichen. Umso freudiger die Aussage der Personalchefin des renommierten Steigenberger Hotels Frankfurter Hof, die ich anlässlich einer Seminarreihe als Interviewpartnerin einladen durfte. Meine Frage seinerzeit: „Welche drei wichtigsten Eigenschaften muss ein Bewerber mitbringen, um bei Ihnen die Chance auf eine Anstellung zu haben?" Ich lasse jetzt Platz 1 und 3 weg, doch auf Platz 2 stand – unglaublich – die Humorfähigkeit!!!

An dieser Stelle eine Metapher:

Ein Mann stirbt. Er kommt zu Petrus an die Himmelspforte und dieser fragt ihn: „Wohin möchtest du denn, in den Himmel oder in die Hölle?"

Der Mann darauf: „Das ist ja toll, wenn ich mir das aussuchen darf. Also wenn Sie mich so fragen, dann lieber in den Himmel."
So kommt der Mann in den Himmel. Eines Tages sitzt er auf seiner Wolke. Schönes, klares Wetter und er sieht zum ersten Mal bis hinab in die Hölle. Er traut seinen Augen kaum. Sonne, Strand, Meer, hellblaues Wasser, hübsche Damen, Cocktails ...
Er geht noch einmal zurück zu Petrus und fragt ihn: „Entschuldigung, kann ich noch einmal tauschen?"
Petrus antwortet: „Ja, mein Sohn, einmal tauschen geht."
Gut, der Mann entscheidet sich für die Hölle. Er steigt in den Aufzug und fährt hinunter. Dort öffnet sich die Aufzugtüre. Zwei grimmige, hässliche Teufel holen ihn ab. Es ist dunkel. Das Fegefeuer lodert.
Der Mann darauf zu den beiden Teufeln: „Moment mal, das kann nicht sein, ich hab es doch gesehen, die Sonne, den Strand, das Meer, die hübschen Damen und die Cocktails."
Darauf die beiden Teufel: „Das mag schon sein. Doch das hat nichts mit uns zu tun. Das hat sich unsere Werbeagentur ausgedacht!"

> „Kreativität ist erst einmal unlogisch.
> Kreativität ist vorausschauend. Kreativität fußt auf
> Unbekanntem. Logik vergleicht nur mit Bekanntem!"

Power-Rhetorik einfach verblüffend – verblüffend einfach

Rhetorik oder Rehtorik – überwinden Sie Ihre Sicht

So geht es: auftreten, wirken, schweigen ... gewinnen

„Der Herr hat uns zwei Ohren und nur einen Mund gegeben, damit wir Verkäufer wissen, dass wir doppelt so viel zuhören sollten, wie wir selbst sprechen!" Ein weises Zitat, beim Beratungsgespräch vielleicht zutreffend, mögen Sie denken. Doch was soll dieser Spruch bei einer Präsentation? Schließlich sind wir extra zu unserer Präsentation angereist, um verbal zu überzeugen. Und genau dieses letzte Wort bringt es auf den Punkt: Wir wollen überzeugen bzw. überzeugend wirken. Das gesamte folgende Rhetorik-Kapitel verfolgt vorrangig dieses Ziel unter Anwendung verschiedener Werkzeuge. Somit trifft dieses Zitat zumindest beim Start Ihrer Präsentation den Nagel auf den Kopf – die Überzeugungskraft liegt hier in der Ruhe, in Ihrer Ausstrahlung, genauer gesagt im „Nichtssagen".

Worte machen Werte – Pausen auch

Menschen die hektisch auf die Bühne stürzen und erst einmal mit Ihrem „Sprechdurchfall" auf die Zuhörer einschallen, wirken selten besonders kompetent.

Das, was jetzt kommt, braucht wiederum Mut und Timing. Treten Sie vor Ihre Zuschauer und sagen Sie erst einmal nichts, gar nichts. Quer durch alle meine Seminare und Einzelcoachings konnte ich immer wieder feststellen, dass meine Teilnehmer zu früh damit beginnen, zu sprechen. Sie konzentrieren sich dabei auf alle möglichen Dinge, vergessen aber, erst einmal zu wirken.

Die Frage bleibt: „Wie lange darf ich wirken?" Ich antworte darauf gerne: „Bis zur Schmerzgrenze!". Dann folgt oft diese Wortmeldung: „Woran merke ich, dass die Schmerzgrenze erreicht ist?". Mit etwas Augenzwinkern antworte ich dann: „Wenn die ersten Zuhörer den Raum verlassen?" Sie spüren, wir sprechen hier, wenn auch humorvoll, ein Thema an, das mit dem Bauchgefühl zu tun hat. Mein Tipp: Trauen Sie sich einfach erst einmal, länger zu schweigen. Ich habe, wie bereits beschrieben, in meiner ganzen Seminartätigkeit noch kein Mensch erlebt, der anfangs zu lange geschwiegen hat. Als kleine Hilfestellung für die Praxis dazu noch folgende Anregung: Wenn Sie vor Ihr Publikum treten, stellen Sie sich gemäß der TORNADO-Methode vor Ihr Publikum und lassen Sie Ihren Blick in Ruhe vom äußersten links sitzenden Zuschauer zum ganz rechts sitzenden schweifen und wieder zurück. Erst dann beginnen Sie zu sprechen.

Sie merken, bei einer Präsentation vor zwei Personen geht das relativ flott. Bei einem Publikum von 100 Personen dagegen kann dies schon etwas länger dauern. Doch dürfen Sie hier, auf einer solchen Bühne, auch noch mehr Wirkung bzw. Showmanship zeigen. Außerdem wird Ihre innere Anspannung in der Praxis diese Technik sowieso in aller Regel etwas beschleunigen. Bitte testen Sie unbedingt diesen Punkt in Ihrer nächsten Präsentation. Sie werden positiv überrascht sein.

Ich nenne diese Art des Schweigens vor dem Sprechen eine Wirk- oder Kompetenzpause. Diese kann sich natürlich auch während der Präsentation in weniger ausgeprägter Form wiederholen, doch sei hier noch einmal an das Zitat von Hippokrates mit dem Gift oder Heilmittel erinnert.

Glaubwürdigkeit und Kompetenz

Ähnlich verhält es sich mit Aussagen während Ihrer Präsentation, denen Sie besonderes Gewicht verleihen wollen. Hier brauchen wir unbedingt ein Schweigen bzw. eine Pause nach der gewichtigen Aussage, sonst nimmt man es Ihnen kaum ab, dass Sie es damit wirklich ernst meinen. Ich nenne diese Pause eine Betonungs- oder Gewichtungspause. Wer hier ohne Unterlass weitersprudelt, hat unterbewusst bei seinen Zuhörern bereits verloren.

In einer meiner Übungssequenzen müssen meine Teilnehmer vor Publikum folgende Frage beantworten: „Was hat mich in meinem Leben geprägt?" Gerade männliche Rhetoriker neigen dann dazu, Wortflüsse ohne Punkt und Komma zu bringen wie die Folgenden: „Was mich geprägt hat, war meine Studienzeit, mein erstes Auto, die Geburt meiner Kinder, der gemeinsame Hausbau und die tolle USA-Reise 2004."

Auch wenn es hier etwas überspitzt formuliert ist: Immer wieder wird ein so emotional wohl kaum zu übertreffendes Ereignis wie eine Geburt ohne Pause neben den Hausbau oder noch schlimmer das erste Auto gestellt. Ich frage mich manchmal ganz ehrlich, ob diese Person wirklich bei der Geburt dabei war oder ob es einfach schon so lange her ist. Wenn wir später das während des Seminars entstandene Video ansehen, fällt es den meisten wie Schuppen von den Augen und das Beste daran ist, wir können gemeinsam darüber schmunzeln. Übrigens behaupte ich nach wie vor, dass ein Trainer (mich natürlich eingeschlossen) solche Fehler ebenso selbst immer wieder macht. Die hohe Kunst liegt darin, dass Sie sich die Fähigkeit bewahren, mit sich selbst kritisch-motivierend umzugehen. Damit dieser Ansatz obendrein Spaß macht, lautet meine Seminarmotto, sobald die Videokamera läuft: „Mut zur Blamage!"

Noch ganz kurz zurück zur Geburt. Wenn Sie authentisch zeigen wollen, dass Sie dieses Ereignis geprägt hat, brauchen Sie danach zumindest eine Pause. Wer wirklich davon geprägt wurde, der wird überdies zumindest seine Kinder beim Namen nennen und/oder die ein oder andere Emotion beschreiben.

Merke: **Pause vorher > Wirk- oder Kompetenzpause**
Pause nachher > Betonungs- oder Gewichtungspause

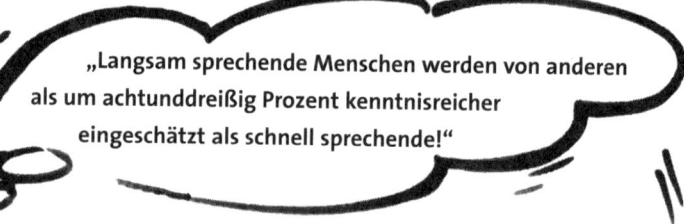

„Langsam sprechende Menschen werden von anderen als um achtunddreißig Prozent kenntnisreicher eingeschätzt als schnell sprechende!"

Showtime-Frage am Anfang

Beginnen Sie doch einmal Ihre Präsentation mit einer spannenden Frage zu Ihrem Thema, um danach eine bewusste Gewichtungspause zu positionieren. Selbst nach Ihrer Pause beantworten Sie diese Frage nicht, beginnen Sie einfach Ihre Präsentation.

Genießen Sie die enorme Aufmerksamkeit und beantworten Sie erst ganz zum Schluss Ihrer Präsentation als Finale diese Frage. Diese dürfen und sollen sogar mitunter provokante Fragen sein. Wie wäre es beispielsweise damit: „Brauchen wir wirklich zufriedene Mitarbeiter?", „Können wir uns Service überhaupt leisten?", „Können wir die Wahrheit überhaupt ertragen?", „Ist sparen vielleicht ein Laster?", „Wollen wir tatsächlich einen Spitzensport ohne Doping?", „Brauchen wir heute noch gute Qualität?", „Darf unser Produkt überhaupt günstiger sein als beim Mitbewerber?" usw.

Wenn Ihnen spontan solche oder ähnlich Fragen schwer einfallen, habe ich hier einen kleinen Konstruktions-Tipp für Sie. Suchen Sie für die Gesellschaft oder für Ihr Unternehmen scheinbare unbestreitbare Aussagen, Tatsachen oder Werte und stellen Sie diese in Frage. Aus dem Anspruch „Wir brauchen besseren Service" wird dadurch: „Können wir uns Service überhaupt leisten?" Und aus der Anforderung „Wir müssen günstiger anbieten als die Konkurrenz" entsteht die Frage: „Darf unser Produkt überhaupt günstiger sein ...?"

_____

_____

_____

Versuchen Sie es doch einmal, passend zu Ihrem nächsten Präsentationsthema:

Scheinbar unbestreitbare Aussage: _____

_____!

Die dazu etwas provokante Frage: _____

_____?

Bleiben Sie dran, finden Sie noch zwei Aussagen und die dazugehörigen Fragen:

Scheinbar unbestreitbare Aussage: _____

_____!

Die dazu etwas provokante Frage: _____

_____?

Scheinbar unbestreitbare Aussage: _____

_____!

Die dazu etwas provokante Frage: _____

_____?

Schmunzler am Rande:
Der Prokurist stürzt völlig aufgeregt in das Chefbüro zur Sekretärin. Der Geschäftsführer hat ihn soeben angerufen. Er möchte die volle Wahrheit wissen und sofort die aktuelle Bilanz haben. Darauf die Sekretärin: „Da muss er sich schon entscheiden, will er nun die Bilanz oder die volle Wahrheit?"

Von der überzeugenden Sprache zur „Zauber-sprache" mit unterbewusstem Zuhörzwang

Vorweg als kleine Einleitung. Mein Sohn Lukas hatte nach den großen Ferien am Anfang der dritten Klasse die Aufgabe, über ein Ferienerlebnis zu schreiben. Berichten sollte ein Gegenstand. In diesen Ferien waren wir jedoch nicht im Urlaub, wie viele seiner Klassenkameraden. Wir haben in dieser Zeit den Abbruch eines alten Hauses angepackt, um dort später selbst bauen zu können. Lukas nahm sich einen alten Ziegelstein aus dem Bauschutt und dieser wurde zum Star seiner Geschichte – hier ist sie:

„Ich, der Stein habe ein Abenteuer erlebt. Dieses Abenteuer will ich euch jetzt erzählen. Ich bin ein Stein von einem alten Haus. Wie immer sitze ich so zwischen den anderen Steinen. Da kommt plötzlich ein großer Bagger. Doch dieser Schreck war noch nicht genug. Denn der Bagger reißt plötzlich das Dach vom Haus ab. Und dann kommt er immer näher zu mir heran. Schließlich ist er an meiner Stelle. Er nimmt mich in seine Bag-gerschaufel. Ich versuche, aus der Baggerschaufel zu fliehen und schaffe es auch. Ich falle in die Erde. Nach ein paar Wochen findet mich ein Junge. Er heißt Lukas und nimmt mich mit in die Schule. Dort erzählt er von mir. Dann werde ich ausgestellt bis heute. Und ich hoffe, dass er mich auch zu Hause ausstellt. Das war mein Abenteuer. Habt ihr auch so schöne Abenteuer erlebt? Ansonsten wünsche ich euch viel Glück und alle Gute, euer Stein."

Und, Sie haben die Geschichte ganz gelesen? Ja?
Haben Sie mittendrin aufgehört? Nein?
Ganz ehrlich, die Handlung entspricht nicht gerade einem Hitchcock. Dennoch ist hier ein Achtjähriger rein instinktiv auf dem richtigen Weg, um Spannung – ich spreche später sogar vom Zuhörzwang – zu erzeugen.

Power-Rhetorik einfach verblüffend

Sprachliche Bilder Einer der Goldnuggets der Zaubersprache mit Zuhörzwang, wie ich Sie nenne, sind wieder einmal die Bilder. Erinnern Sie sich noch: Bilder gehen ungefiltert direkt ins Unterbewusstsein und wirken dort, ob wir wollen oder nicht. Diese Bilder werden hier durch eine bestimmte Sprache erzeugt. Stellen Sie sich bei Ihrer nächsten Präsentation vor, Sie seien ein Kameramann, besser noch ein Fotograf. Sie fokussieren ein Objekt und – klick – haben Sie ein Bild. Jedes Bild steht für einen Kurzsatz. Hier – klick – „das alte Haus" – klick – „plötzlich ein großer Bagger" – klick – „er reißt das Dach weg" – klick – „er packt mich in seiner Schaufel" usw.

Sie denken, so kann ich doch bei einer Präsentation nicht sprechen? Ja und Nein. Sie haben vollkommen Recht, wenn Sie während Ihrer gesamten Präsentation nur in „Klick-Kurzsätzen" sprechen, kann es sein, dass Sie irgendwann Männer mit weißen Turnschuhen nach Hause begleiten. Es geht vielmehr darum, eine oder mehrere wichtige Sequenzen in dieser Zaubersprache in die Gesamtpräsentation bewusst einzubauen. Ich verspreche Ihnen jetzt schon, dass Sie damit absolute Aufmerksamkeit und Nachhaltigkeit für Ihre Botschaft erreichen werden (später dazu einige Praxisbeispiele).

Echte Bühnenprofis nutzen, teils bewusst, teils unbewusst, seit Generationen diese Bildersprache zur gezielten Aufmerksamkeitssteuerung. In der Zauberkunst nennt man diese Steuerung „Misdirection", was fälschlicher Weise oft als Ablenkung übersetzt wird. Es ist im professionellen Einsatz genau das Gegenteil: Das Lenken der Aufmerksamkeit eben auf eine bestimmte körperliche oder verbale Handlung. Speziell die sprachliche Aufmerksamkeitswirkung und -steuerung ist vor allem in der Sparte der Mentalmagie von größter Wichtigkeit. Aber wie wir sehen, haben auch Kinder unbewusst die richtigen Ansätze zu dieser Fähigkeit.

An dieser Stelle möchte ich es nicht missen, auch auf den Trainerkollegen Matthias Pöhm und sein Buch „Vergessen Sie alles über Rhetorik" hinzuweisen. Wir haben schon gemeinsam in Seminaren zusammengearbeitet und auch er hat den Mut, seine Art dieser Sprache seinen Teilnehmern erfolgreich zu vermitteln.

Im Überblick – die Zaubersprache lebt

Punkt 1, von:

Bildern (klick), verpackt in kurzen Sätzen!
(Details nicht vergessen, jedes Bild ein Satz, vergessen Sie das Wort „und", keine Nebensätze!)

Punkt 2, von:
einer Sprache in der Gegenwart!

Damit haben die Zuhörer wirklich das Gefühl, aktuell das Geschehen mitzuerleben. Ich bin hier auch ganz ehrlich. Das ist der einzige Punkt an Lukas Geschichte, den ich nachträglich für dieses Buch etwas frisiert habe. Ist die Story, die Sie beschreiben, z. B. vor einem Jahr passiert, holen Sie diese einfach in die Gegenwart zurück. Das erreichen Sie durch einen einfachen einleitenden Satz, wie: „Ich, im Januar 2004 bei einem Verkaufsgespräch. Zwei Kunden mit Turban. Der eine etwa um die Dreißig ..." Und schon können Sie in der Gegenwart fortfahren. Gleichzeitig spüren Sie vielleicht schon die aufkommende Neugier durch das Bild der Kunden im Turban. Genau das wollen wir erreichen, Zuhörzwang."

Punkt 3:
als zusätzliches Highlight –
von einem „enttäuschenden" Finale!

Hier noch einmal der Hinweis, dass „enttäuschend" durchweg positiv gemeint ist. Es geht darum, die Erwartungshaltung der Zuhörer zu enttäuschen. Denn wenn in Ihrer Geschichte genau das passiert, was jeder erwartet, dann werden Sie eher Langeweile als Spannung erzeugen. Ein solches Finale gibt Ihrer Story einen besonderen Wert.

Bevor ich nun einige Praxisbeispiele aufzeigen möchte, hier noch eine von vielen Möglichkeiten, Ihre Zuschauer zu überraschen. Sie kennen diese Technik bereits als „Verhülltechnik" – hier nun als „sprachliche Verhülltechnik".

Damit Sie sehen, dass dies relativ einfach umsetzbar ist, habe ich noch einmal die Ferien-Geschichte verwendet. Ich habe dort nur an einigen wenigen Stellen den STEIN herausgenommen. Jetzt weiß der neutrale Zuhörer nicht mehr, wer da ein Abenteuer erlebt. Er geht wie selbstverständlich davon aus, dass der Vortragende dieser Abenteurer ist. Der Hauptdarsteller wird erst am Ende der Geschichte enttarnt. Auf ähnliche Weise können Sie mit Ihrer Story, die Sie als Element in Ihre Präsentation einbauen, verfahren. Verraten Sie jedoch niemals den „Mörder", bevor Ihr Thriller nicht wirklich zu Ende ist.

Sprachliche Verhülltechnik:

„Ich habe ein Abenteuer erlebt. Dieses Abenteuer will ich euch jetzt erzählen. Ich wohne in einem alten Haus. Ich sitze so herum. Da kommt plötzlich ein großer Bagger. Doch dieser Schreck war noch nicht genug. Der Bagger reißt plötzlich das ganze Dach ab. Er immer näher zu mir heran. Dann ist er bei mir. Er erwischt mich mit seiner Schaufel. Ich versuche, mich zu retten. Ich falle auf die Erde. Schließlich findet mich ein Junge. Er heißt Lukas. Er nimmt mich mit. Später stellt er mich sogar seinem Leh-

rer vor. Lukas ist gerade einmal acht Jahr alt. Ich etwa 200. Du hast mich gerettet. Ich, der alte Stein, danke dir!

So weit zum theoretischen Aufbau der Zaubersprache, doch jetzt zur Praxis. Damit der Neugierfaktor erhalten bleibt, steige ich wie bei der Präsentation direkt in die Story ein. Erst danach folgen einige wenige Anregungen.

Das Theater-erlebnis

„Ein besonders schöner Abend. Ich habe Karten für das Theater. Meine Frau im eleganten, schwarzen Kleid. Ich sogar mit schwarzer Fliege. Meine hoch polierten Schuhe betreten den Eingangsbereich. Wir setzen uns auf die samtroten Stühle. Das Theater wird dunkel. Es ist still. Der große Bühnenvorhang öffnet sich. Auf der Bühne steht eine Dame. Sie trägt ein dunkles Kleid. Sie hält etwas in ihrer Hand. Die Zuschauer erheben sich. Es setzt tosender Applaus ein. Erst jetzt sehe ich auf ihre Hand. Dann wird es mir klar. Kein Wunder, diese Begeisterung. Es ist etwas Einzigartiges. Im Spot des Scheinwerferlichts wird es deutlich. Liebe Mitarbeiter (Pause) … es ist unser neuer Schokoriegel Fiorella. (Applaus) … (Pause)

Sie sehen, ich bin selbst davon so begeistert, dass ich nachts schon davon träume. Allen voran möchte ich an dieser Stelle unserem Entwicklungsteam danken. Es ist uns gelungen, ein Produkt zu schaffen, das uns einen Marktvorsprung …"

Dieses Beispiel soll die mögliche Dramaturgie einer **Produkteinführung** seitens der Geschäftsleitung deutlich machen. Wie beschrieben, werden hier Bilder bewusst eingesetzt. Eingangs sogar, um auf die falsche Fährte zu locken, damit später die „Enttäuschung" spannend im Applaus entladen wird. Ich denke, dass eine gute Führungskraft allen voran eine Eigenschaft mitbringen sollte: Sie muss brennen, um andere zu zünden! Eine Führungskraft, die auf solche Art und Weise von den eigenen, neuen Produkten schwärmt, die „brennt". Ich hoffe, dass

Sie nicht davon träumen müssen, sondern genau solche Menschen um sich haben.

Blitzende Zähne

„Folgende Situation: Der Wecker klingelt. Er zeigt 6.30 Uhr. Ich steige aus dem Bett. Gehe Richtung Bad. Drücke die Türschnalle herunter. Öffne langsam die Badtüre. Ich trete vor den Spiegel. Meine linke Hand greift die Zahnbürste. Die Zahnpaste gleitet aus der Tube. Langsame Putzbewegungen folgen. Sauber – gereinigt. Ich sehe noch einmal in den Spiegel. Nur ein Gedanke. Es ist Zeit (Pause). Ab morgen zeigen wir unserem Mitbewerber XY die Zähne.“

Hier steht im Gegensatz zur vorigen Produktvorstellung eine **Motivationsbotschaft** im Vordergrund. Ich habe ganz bewusst eine gewöhnliche Alltagssituation gewählt, um zu zeigen, dass man auch daraus nahezu einen Thriller machen kann. Es geht lediglich darum, die Zaubersprache gezielt einzusetzen.

Pretty Woman

„Kennen Sie den Film „Pretty Woman“? Richard Gere ist verzweifelt. Einsam sitz er am Klavier – ein eleganter Flügel in der Hotelbar. Seine Hände spielen voller Gefühl. Das Licht ist dämmrig. Im Eingang eine Silhouette. Es ist Julia Roberts. Sie trägt ihr Haar offen. Leicht bekleidet im Negligee. Sie setzt sich auf den Flügel. Drei Millionen männliche Fernsehzuschauer. Alle haben den gleichen Gedanken. (Pause) Mensch, wenn ich doch nur Klavierspielen könnte ...“

Ein Beispiel dafür, wie Sie in diesem Fall einen **Film in Zauber-sprache** erzählen können. Ebenso ist es möglich, eine besondere **Metapher** oder ein **persönliches Erlebnis** zu präsentieren. Ich habe diese Story auf ähnliche Weise tatsächlich bei einer Präsentation eines führenden Pianoherstellers erzählt. Es ging unter anderem darum, das große Potenzial an erwachsenen Kunden aufzuzeigen, die sich den verborgenen Kindheitstraum noch erfüllen möchten, Klavierspielen zu lernen. In diesem Fall natürlich auch mit etwas Humor und Augenzwinkern auf die männliche Zielgruppe zugeschnitten. Doch das, was zählt, ist die Wirkung – die Zuhörer waren sensibilisiert, amüsiert und begeistert in einem.

_____

_____

_____

_____

Das Schulprojekt   *„Darf ich Ihnen vorstellen. Ein kleiner Junge. Sein Name ist Thomas. Er ist neun Jahre alt. Seine Schule ist groß. Die Größte im Landkreis. Er hat Angst. Nur er weiß, warum. Doch er muss in diese Schule. Was wohl diesmal kommt? Er betritt den Schulhof. Dunkle, graue Pflastersteine. Zwei Mitschüler nähern sich. Der eine neun. Der andere zehn. Sie drängen ihn zur Betonwand. Einer zieht ein Messer. Ein blitzendes Taschenmesser. Thomas weint. Wieder einmal ein Stift weg. Einer seiner Lieblingsstifte. Erpresst. Morgen ist wieder Schule. Wieder hat er Angst. Doch er muss in d i e s e Schule. Die Schule ist groß. Die Größte im Landkreis.“*

Stellen Sie sich vor, Sie müssten einen Gemeinderat davon überzeugen, für einen Schulhausneubau zu stimmen. Es geht darum, dass die Klassenzimmer der Großgemeinde bis an die äußersten Kapazitätsgrenzen überfüllt sind. Ziel ist es, diese Situation durch einen Neubau in der Nachbargemeinde zu entschärfen.

Vollkommen richtig, hier nutze ich die Zaubersprache, um emotionale **Überzeugungsarbeit** zu leisten. Wiederum bringe ich Bilder, die ungefiltert das Unterbewusstsein meiner Zuhörer erreichen. Fakt ist die Aussage, dass es die größte Schule im Landkreis ist und dass damit verbunden ein hohes Gewaltpotenzial herrscht. Um die Ernsthaftigkeit der Situation zu schildern, habe ich wichtige Passagen am Anfang und Ende sogar wiederholt. Natürlich lässt sich das Ganze emotional noch weiter steigern. Bringen Sie beispielsweise gleich nach Ihrer einleitenden Story fundiert Szenario-Zahlen aus dem Schulalltag vor Ort. Allein über 300 Schüler p r o Pausenhof, die beispielsweise von nur zwei Lehrkräften beaufsichtigt werden. Die dokumentierte Anzahl an Schlägereien plus geschätzter Dunkelziffer. Berichte von hilflosen Lehrern. Der Polizei bekannte Drogenfälle plus die vermeintlich Unbekannten etc. Danach stellen Sie z. B. die folgende Schlussfrage:

„Es gibt viele kleine Jungen wie Thomas. Unsere Zeit ist laut geworden. Die Frage ist, wie laut muss ein Hilfeschrei sein, dass wir Erwachsenen ihn überhaupt hören?" (P A U S E)
„Es liegt ganz allein in Ihrer Hand. Es ist Ihr Gewissen. Es sind auch Ihre Kinder. Oder Enkelkinder. Wer jetzt immer noch gegen den geplanten Neubau ist, möchte bitte aufstehen!"

Bewusster Umgang mit der Macht der Rhetorik

Ich gebe zu, der Schluss ist aus der Kiste „manipulative Rhetorik". Hier muss der Gegner plötzlich wortwörtlich Stellung beziehen. Bitte vergleichen Sie dazu auch die mittelalterlichen Methoden „an den Pranger stellen". Das mag jetzt sehr hart klingen, doch fühle ich hier mit dem kleinen Thomas. Für den ist dieser Horror mehr als hart. Ich denke hier an die Verhältnismäßigkeit der Mittel und erlaube mir persönlich für solche Zwecke auch etwas offensivere Rhetorik.

_____
_____
_____

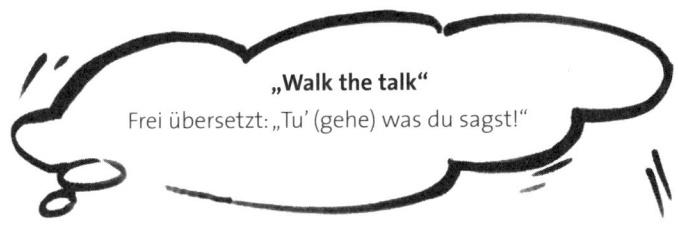

„Walk the talk"
Frei übersetzt: „Tu' (gehe) was du sagst!"

Der zehnfache Nutzentrick der Wolldecken-Dampfgeräte-Verkäufer

Waren Sie in Ihrem Leben schon einmal auf einer so genannten Kaffeefahrt? Ja, ich meine genau die, wo Sie in einen Reisebus steigen und für wenig oder gar kein Geld ins Grüne fahren. Dort gibt es dann bei Kaffee und Gebäck eine „tolle" Verkaufspräsentation.

Bei uns in der Region läuft diese Masche etwas anders. Hier wird beispielsweise der örtliche Sportverein angeschrieben, er bekäme in Zeiten knapper Kassen eben mal einige Euro spendiert. Einzige Bedingung: mindestens 40 Paare dazu zu bringen, einen netten Abend zu verbringen. Das heißt, jeder bekommt eine kleine Brotzeit und ganz nebenbei findet eine unaufdringliche, kleine Präsentation statt. Nun schlägt man als Mitglied eine solche Aufforderung des Vorstandes nur schwer aus und geht eben hin. Stellen Sie sich vor, über 40 Paare – eigentlich will keiner hin, 99 Prozent sagen innerlich: „ich kaufe niemals!" – und ein Verkäufer. Ich denke bei mir, einen solchen Menschen muss ich kennen lernen und bin wohl der Einzige, der motiviert mit seiner wenig begeisterten Frau hingeht.

Diesmal handelt es sich um ein Dampfbügeleisen. Vielmehr um einen Dampfhochdruckreiniger. Wie sich später herausstellt sogar um ein Gerät, das eigentlich alles kann …
Der Verkäufer beginnt mit seiner Präsentation. Als er mit sei-

nem „super mega" Dampfeisen beginnt zu bügeln, sehen wir eher noch gelangweilt zu. Doch das Gerät kann wesentlich mehr. Klar, Hemdenbügeln ist meist eine langwierige und diffizile Angelegenheit. Doch mit diesem Gerät wird es scheinbar zum Vergnügen. Der Verkäufer hängt ein völlig zerknittertes Hemd auf einen Bügel. Geht nun mit seinem Bügeleisen von hinten an das Hemd, setzt ein Lächeln auf und es folgen einige heftige Dampfstöße in Richtung Hemd.

Ja, das hat was von David Copperfield. Dampf und Nebel, Showtime-Lächeln und jetzt kommt es – wie durch Zauberei, das Hemd ist völlig knitterfrei. Ganz nebenbei erzählt der Verkäufer die zahlreichen Sicherheitsvorteile auf, die dieses Gerät gegenüber denen im Handel erhältlichen aufzeigt. Er beschreibt Szenarien, was mit diesen Billiggeräten schon alles passiert sei. Gleichzeitig präsentiert er an seinem Gerät die vielen einzelne Details der Sicherheit.

nicht nur sicher, sondern auch multiflexibel

Vermutlich ahnen Sie es schon, dieses Multigerät kann noch viel mehr. Er beginnt spielerisch die Nischen hinter den Heizkörpern im Vortragsraum auszudampfen. Spätestens wenn er jetzt zeigt, was sich dahinter über all die Jahre für Schmutz angesammelt hat, beginnt bei den anwesenden Hausfrauen ein leicht schlechtes Gewissen zu drücken. Und dabei wäre es doch so einfach, hätte man nur eine solche Maschine. Die ersten Blicke Richtung Ehemänner fallen. Doch wie Sie sicherlich wissen, kann das Gerät noch viel mehr. Ein neuer Aufsatz und schon haben wir einen multiflexiblen Dampfdruckreiniger für die eingelagerten Winterreifen oder den Frühjahrsputz für das Motorrad. Plötzlich werden auch die männlichen Besucher wach und lauschen aufmerksam …

… und es kann noch mehr!

Im Laufe des Abends stellt der Verkäufer über zehn verschiedene Praxismöglichkeiten vor, die mit diesem Gerät freudestrahlend zu bewältigen sind. Es ist kaum einer mehr im Saal, der nicht irgendwo dieses Gerät einsetzen könnte.

Doch dann kommt die Sache mit dem Preis. Der erscheint im ersten Moment völlig übertrieben. Schließlich beginnt er den einmaligen Rabatt bekannt zu geben, der nur heute gilt. Schon sieht das Ganze etwas interessanter aus. Noch einmal zählt er in Kurzform alle vorgeführten Nutzen auf und jedem wird klar, dass er hier eigentlich nicht ein, sondern mindestens fünf Geräte in einem erwirbt. Wer jetzt gedanklich den Preis durch fünf teilt, sieht hier ein einmaliges Schnäppchen. Zudem packt der Verkäufer plötzlich noch einiges Zubehör kostenlos mit drauf. Trotz allen „Nicht-Kauf-Vorsätzen" sind schließlich doch einige wenige gekippt – und das genügt ihm.

Bevor er sich nun verabschiedet und Interessenten nach vorne bittet, zeigt er neben seinem Hauptgerät noch einige preiswerte Zusatzverkäufe auf, damit auch kleinere Dinge mitgenommen werden können. Doch dann hat man eben nicht dieses Super-Ding. Irgendwie ist man dann wohl eher ein Verlierer.

denkbar ungünstige Ausgangslange

Schließlich kaufen doch einige, auch wenn es nicht sehr viele sind, an diesem Abend das Gerät. Erinnern Sie sich noch einmal an die Ausgangssituation dieser Präsentation aus der Sicht des Verkäufers? Keiner hat ihn eingeladen – er will etwas von den anderen. Keiner hat richtig Lust auf einen solchen Abend – er tritt eher als Feind, denn als Freund auf. Jeder hat eigentlich innerlich beschlossen, gekauft wird nichts – es geht ja nur um einen guten Zweck für den Verein. Ich denke, Präsentationsvoraussetzungen können kaum schwieriger sein. Doch wie man sieht, kommt es immer darauf an, was man daraus macht!

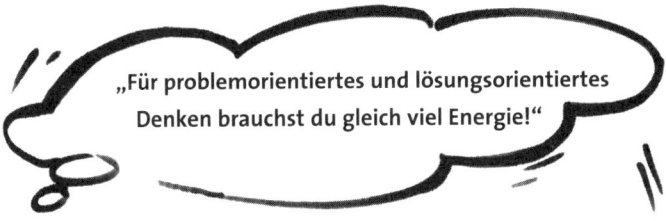

„Für problemorientiertes und lösungsorientiertes Denken brauchst du gleich viel Energie!"

Ich möchte ganz offen sein. Dieser Verkäufer hatte nicht nur Highlights in seiner Präsentation. An einigen Stellen war er kommunikativ eher unter der Gürtellinie. Doch was er wirklich drauf hatte, war das, was ich den „zehnfachen Nutzentrick der Wolldecken-Dampfgeräte-Verkäufer nenne: Die hohe Kunst, Bedürfnisse zu wecken, wo vorher gar keine waren. Es geht darum, möglichst viele Nutzen für den Käufer aufzuzählen, damit sich bei einem großen Zuhörerkreis nahezu alle in diesem Produkt auf irgendeine Weise wieder finden. Sie meinen, das kann im Einzelfall bei kleineren Präsentationen auch zu viel des Guten sein? Vollkommen richtig, es gilt, wie immer das richtige Maß zu finden. Doch liegt die Meßlatte meist wesentlich höher, als wir sie ansetzten würden. Sie haben mit nachstehender Übung nichts zu verlieren. Versuchen Sie, möglichst viele Nutzen für Ihre anzubietende Dienstleistung zu finden. Sollten Sie ein Produkt anbieten, denken Sie ebenso an zusätzliche Anwendungsgebiete, Sicherheits- und Umweltaspekte, Zeitsparmöglichkeiten, den Spaßfaktor und vieles mehr. Nachstehend setze ich die Messlatte bei mindestens 10 Nutzen für Ihre Zuhörer an. Diese sollten möglichst konkret, wenn möglich mit einem Beispiel versehen sein. Denken Sie daran, kürzen oder die besten Nutzen herausfiltern können Sie am Schluss immer noch. Lassen Sie Ihren spontanen und auch etwas verrückten Gedanken freien Lauf, ohne gleich zu zensieren.

1.–

2.–

3.–

4.–

5.–

Showtime

6.–

7.–

8.–

9.–

10.–

_____

_____

_____

_____

Vergessen wir den Gedanken nicht, dass auch eine gute Präsentation alleine niemals ein schlechtes Produkt oder eine
mittelmäßige Dienstleistung kompensieren kann. Deshalb
sollten wir auch nicht die Basics aus dem Auge verlieren – zuerst muss Ihr Produkt stimmen. Machen Sie dann Ihr Publikum
auf möglichst zahlreiche Vorteile aufmerksam. Unser Job ist
es, diese in der Praxis wie aus der Pistole geschossen präsentieren zu können.

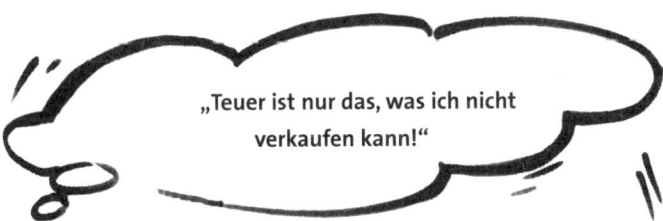

„Teuer ist nur das, was ich nicht
verkaufen kann!"

Ihr Schluss mit eingebautem „Mentalanker" und nachhaltiger Wirkung

Damit sind wir bei einem besonders interessanten Aspekt Ihrer Präsentation angelangt. Was besonders wirkt, ist Ihr erster Eindruck, was bleibt – Ihr letzter. Deshalb sollten Sie speziell Ihrem Einstieg und vor allem Ihrem Finale besondere Aufmerksamkeit widmen.

Wieder geht es um Dramaturgie und Spannung

Kein Zauberkünstler würde deshalb sein bestes Kunststück im zweiten Drittel verheizen. Er wird es immer als absolutes Finale präsentieren. Ebenso sollten Sie verfahren. Ihr bestes Argument, Ihr bestes Bild, Ihre wichtigste Aussage, Ihr bestes Zitat etc. sollten Sie sich bis zum Schluss aufheben.

Wenn Ihre Präsentation einmal steht, nehmen Sie sich Ihre Unterlagen noch einmal zur Hand und differenzieren Sie spontan Ihre Highlights mit den Buchstaben A, B oder C. **A steht für „absolut genial", B für „beachtlich interessant" und C für „(c)urios".** Sie können hier ruhig die Buchstaben mehrmals vergeben. Anschließend filtern Sie die A-Highlights aus Ihrer Präsentation. Nehmen wir an, Sie haben vier davon in Ihrer Präsentation. Dann differenzieren Sie diese noch einmal von 1 bis 4. 1 für das beste, 4 für das am wenigsten gute Highlight. Das Highlight der Ziffer 1 sollte Ihr finales Argument, Ihr finaler Nutzen, Ihr finales Präsentations-Tool sein. Die Nummer 2 sollte Ihr Startkapital am Anfang Ihrer Präsentation sein.

Zusammenfassend: Sie brauchen einen besonders starken Start und einen noch besseren Schluss!

Das bringe ich zum Starten:

Das ist mein Finale:

_____

_____

Bereits mit dem Start entscheiden Sie über Aufmerksamkeit und Spannungsbogen Ihrer Präsentation. Sie brauchen hier etwas Spannendes und Interessantes. Danach können Sie ruhig wieder etwas sachlicher fortfahren. Ab der Mitte Ihrer Präsentation sollte sich der Spannungsbogen (d. h. gleichzeitig die Wichtigkeit Ihrer Botschaften) langsam, aber stetig steigern. Der Schluss sollte folglich einer Entladung dieser aufgebauten Spannung gleichkommen.

Zauberhafte Wirkung. Der Autor hier in Wien mit seiner bekannten Seil-Eröffnung

Ein Beispiel dazu aus meinem Motivationsvortrag „Sim Sala WIN – Verkaufserfolge zaubern!". Ich beginne dort tatsächlich mit einem Stück Seil, mit dem ich auf unerklärliche Weise die Zusammenhänge von erfolgreichem Verkauf und Einstellung verdeutliche. Was die Zuhörer hier hören, löst Zustimmungszwang aus, was Sie jedoch sehen, ist Zauberei. Damit hole ich mir die Aufmerksamkeit selbst der Zuschauer aus den letzten Reihen.

Keine Angst, Sie müssen nun nicht Zaubern lernen. Das ist nur ein Weg, den ich für Präsentationen nutze. Vielmehr können Sie hier ebenso mit der Verhülltechnik starten, mit einem starken Zitat, mit einer etwas provozierenden Frage, mit der Frontalpräsentation Ihres größten Einwandes, einer persönlichen Geschichte in Zaubersprache oder, oder, oder – Sie sehen, es gibt schier endlose Möglichkeiten.

Ab der Hälfte dieses Vortrages beginne ich, ein Praxisbeispiel nach dem anderen zu präsentieren. Gewürzt mit „Werkzeugen", die jeder in seiner täglichen Arbeit testen kann. So steigt die Spannungskurve bis zum Schluss stetig an.

der Trick mit dem Strohhalm Mein Finale gehört den Zweiflern: Ich spreche einen der ganz großen Einwände an: „Klingt ja ganz gut von da vorn, doch wir hängen in Deutschland wirtschaftlich gesehen doch am seidenen Faden." Gleichzeitig erscheint am Beamer ein Bild eines dicken, aufgespleißten Taues, das nur noch an einem dünnen Faden zusammenhält. Daraufhin ergreife ich eine kleine Papiertüte und sage dazu: „Wir im Allgäu sprechen nicht vom seidenen Faden, bei uns sagt man, wir klammern uns an den letzten Strohhalm." Ich greife in die Tüte und hole einen kleinen Strohhalm, den letzten eben, heraus. „Ich habe mir jedoch gedacht, ich zeige Ihnen heute einmal, wie groß unser wirtschaftlicher Strohhalm in Deutschland in Wirklichkeit ist." Danach greife ich noch einmal in die DIN A4 große Papiertüte und ziehe unter Beifall langsam einen Strohalm aus dem Nichts, der eine Länge von über zwei Metern aufweist. Dies ist gleichzeitig ein – wie man auf der Bühne sagt – schönes Schlussbild oder einen Applaushaltung: Die Hände geöffnet, einen Riesenstrohhalm in der Hand und sich verbeugend.

Wenn sich der Applaus gelegt hat, bedanke ich mich noch einmal bei allen und gebe als Aufforderung noch das größte Zauberwort kund, das es für mich gibt: „Es hat nur drei Buchstaben. (PAUSE) T, U und N – meine Damen und Herren, TUN Sie einfach, probieren Sie es aus. Ich freue mich mit Ihnen über Ihre zauberhaften Erfolge. Vielen Dank!" Wiederholt setzt dann

Applaus ein, ich gehe einige Schritte zurück, halte „dankbaren" Augenkontakt, bis ich rechtzeitig von der Bühne abgehe.

Mit diesem Zusatz des von mir zum Zauberwort erhobenen Wortes „TUN" möchte ich auf einen weiteren wichtigen Punkt bezüglich Ihres Finales aufmerksam machen. Eine gute Präsentation beinhaltet zum Schluss etwas (Auf)forderndes. „Danke, das war es für heute!" hat davon kaum etwas. Das sind Präsentationen, die wenige vom Stuhl reißen werden. Haben Sie Mut, etwas zu „fordern". Dies kann auf vielfältige Art und Weise geschehen, durch eine Aussage, durch eine Frage, durch ein Zitat und vieles mehr. Nachfolgend einige einleitenden Worte, die zu Ihrer auffordernden Aussage führen könnten. Wie immer dürfen und sollen Sie spontane Ideen zu Ihrer Präsentation ergänzen.

▸ Ich wünsche mir ...

_____

▸ Helfen Sie mit ...

_____

▸ Gönnen Sie sich ...

_____

▸ Darf ich? Ja, ich darf ...

_____

▸ Dürfen Sie? Ja, Sie dürfen ...

_____

▸ Es berührt mich ... packen wir es an ...

_____

▸ Genau das sollten wir tun …

▸ Wer das tut, was er immer getan hat, bekommt genau das, was er immer bekommen hat. Die Frage bleibt, ob wir mehr wollen …

▸ Wer, wenn nicht wir – wo, wenn nicht hier – wann, wenn nicht jetzt gleich!

„Nur wer für den Augenblick lebt,
lebt für die Zukunft."
Heinrich von Kleist

„Mentale Präsente" zum Schluss

Erinnern Sie sich noch an die Präsentationsidee mit dem Apfel? Wie sieht der Kunde unser Unternehmen – als schmackhaften roten Apfel? Und was erwartet er, wenn er in selbigen reinbeißt?

In diesem Beispiel wurde später als mentale Unterstützung den Mitarbeitern ein solcher schmackhafter Apfel angeboten – ich nenne dies „mentale Präsente". Darunter verstehe ich kleine Aufmerksamkeiten, die durchaus real übergeben werden können, jedoch nicht unbedingt besonders kostenintensiv sein müssen. Die Macht liegt hier vorrangig im mentalen Anker. Dies sind unglaublich wirkungsvolle Erinnerungswerkzeuge, die gleichzeitig echtes Entertainment zeigen. Zahlreiche meiner Seminarteilnehmer haben diese Grundidee bereits erfolgreich umgesetzt und berichten mir immer wieder begeistert über ihre Erfolge. Der eine präsentierte das symbolische Überraschungsei, der andere gab Karotten für die Botschaft aus, „dass wir unsere Kunden mit noch mehr Nutzen anlocken müssen". Ein anderer wiederum verschenkte ein Tütchen mit Blumensamen symbolisch dafür, „dass wir uns um gewisse Dinge regelmäßig kümmern müssen, damit sie wachsen und gedeihen können usw.

Meine spontane Idee für ein „mentales Präsent", das ich meinen Zuhörern als Verstärkung meiner Botschaft mitgeben könnte:

_____

_____

„Stuhlgang"

Eine weitere spannende Variante dazu ist folgende: „Liebe Kollegen, ein altes Sprichwort sagt: Das Geld liegt auf der Straße. Lehnen Sie sich jetzt doch einfach locker in Ihrem Stuhl zurück und lassen Sie die Arme baumeln. Und? Passiert nichts, ist aber angenehm, so ist es auch im Leben. Jetzt kommt es: Legen Sie nun Ihre rechte Hand am Stuhl etwas an. Versuchen Sie dann, mit Ihrer Hand in die Mitte des Stuhles zu greifen. Dort drunter klebt für jeden von Ihnen ein 1-g-Stück – sehen Sie, mit etwas Engagement liegt oder klebt das Geld tatsächlich auf der Straße …!"

In meinem Buch „Sim Sala WIN" habe ich eine zauberische Variante beschrieben, wie dem Kunden ein 5-Euro-Schein als Schiffchen gefaltet übergeben wird. Wenn Sie diese Variante investitionstechnisch einrichten können, ist die Wirkung noch viel verblüffender. Erleben Sie, wie Ihre Zuschauer teilweise Monate, gar Jahre genau dieses 5-Euro-Schiff in ihrer Geldbörse mit sich tragen, ohne es auszugeben. Und jedes Mal erinnern sie sich an Sie und Ihre Botschaft. Natürlich können Sie auch nur jedem Dritten ein solches Schiff unter den Stuhl kleben … (doch dazu gleich mehr).

Vollkommen richtig, dies mit dem Geld unter dem Stuhl ist nur ein Beispiel dafür, was Sie alles unter die Stühle Ihrer Zuhörer kleben können. Bei der Präsentation dieses Buches auf der Vertreterkonferenz des Verlages klebte unter jedem Stuhl ein Tütchen Gummibärchen mit der Aufschrift „Herzlichen Dank!". Ebenso könnten Sie humorvoll eine These untermauern, dass jeder dritte Deutsche ein potenzieller Kunde für Ihr Unternehmen ist und dann haben Sie nur unter jedem dritten Stuhl einen Hauptpreis angebracht und unter den anderen Stühlen kleine Trostpreise.

Natürlich bedarf diese besondere Art der Präsentation etwas Vorbereitungszeit. Wenn Sie jedoch die Überraschung und Begeisterung der Zuhörer einmal erlebt haben, werden Sie diese Idee nicht mehr missen wollen – viel Spaß damit!

Mut zum Stuhl-Entertainment. Dieses Objekt bzw. diese Nachricht auf einem Zettel etc. könnte ich unter den Zuhörerstühlen als Überraschung platzieren:

_____

_____

„Geldgeschenke ohne besondere Botschaft oder Präsentation sind phantasielos, vor allem die kleinen!"

Big-Boss-Entertainment, scheinbare Zufälle und Ihre Komplett-Checkliste

Wissen hinter den Kulissen und der 4/4-Takt

Das spannende Thema Präsentation und die damit verbundenen Möglichkeiten scheinen mir schier unerschöpflich. Nachstehend möchte ich ein interessantes Potpourri aufzeigen, um diese enorme Bandbreite weiterführend aufzeigen zu können.

Sitztechnik im Kleinen

Wenn Sie Ihre Präsentation im kleinen Kreis abhalten, machen Sie doch einmal folgenden Versuch. Setzten Sie sich am Tisch Ihren Zuhörern wie gewohnt direkt gegenüber. Zeigen Sie wie immer Ihre Nutzen auf etc. Bei der nächsten Präsentation wählen Sie bewusst keinen Platz gegenüber, sondern einen im 90-Grad-Winkel zum Kunden. Ja, setzen Sie sich lieber neben ihn als gegenüber. Ich spreche hier einen Aspekt an, der wiederum unterbewusst und über die Körpersprache abläuft. Gegenüber bedeutet Konfrontation – daneben Partnerschaft. Es kommt nicht darauf an, wer Sie sind, sondern wie Sie in diesem Moment wirken. Dies mag für einige Leser übertrieben wirken, weshalb ich Sie dazu motivieren möchte, diese enorm wichtigen Dinge im Selbstversuch zu testen. Ich denke, das ist fair, denn die Entscheidung diese Anregung danach dauerhaft einzusetzen bleibt somit letztendlich Ihnen überlassen. Seien Sie aber nicht zu sehr überrascht, wenn allein die Sitzposition Ihr Präsentationsergebnis erheblich beeinflusst.
Die wahre Macht der Körpersprache ist mir erst richtig bewusst, seit ich aktiv mit Pferden zusammenarbeite. Allein

wenn Sie sich einem Pferd nähern, weiß dieses schon in dem Augenblick mehr über Ihr Selbstwertgefühl und momentanes Befinden als so mancher Therapeut nach etlichen Sitzungen. Auf einem sensiblen Pferd sitzend, brauchen Sie nur an die nächst schnellere Gangart zu denken und es läuft los. Auch wenn Sie vor Gericht schwören würden, kein körperliches Signal übertragen zu haben, können Pferde dies bewusst lesen. Ähnliche Fähigkeiten hat annähernd unser menschliches Unterbewusstsein. Auch wenn wir gewisse Reaktionen erst einmal nicht logisch begründen können, ein großer Teil liegt hier in der Körpersprache. Prüfen Sie künftig diesbezüglich bei Ihren Präsentationen nicht nur die Sitzposition, sondern auch Ihre Körperhaltung. Nehmen Sie sich die Zeit, Ihre Präsentation einmal auf Video aufzuzeichnen. Seien Sie kritisch und prüfen Sie, ob Ihr Körper das kommuniziert, was Ihre Worte sagen. Nur so wirken Sie authentisch und professionell.

_____

_____

_____

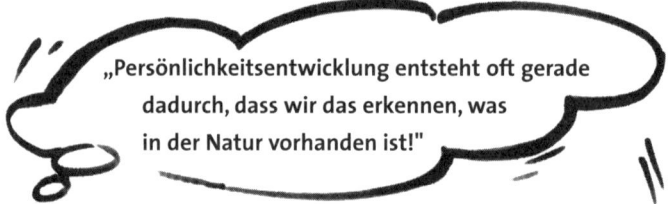

„Persönlichkeitsentwicklung entsteht oft gerade dadurch, dass wir das erkennen, was in der Natur vorhanden ist!"

Gruppendynamik im Großen Gerade bei großen Präsentationen spielt die Gruppendynamik verbunden mit der Gesamtstimmung eine wichtige Rolle. Das Wort „Stimmung" gibt uns hier einen interessanten Hinweis in Richtung Tonalität bzw. Musik. Sie werden sich vielleicht fragen: Was hat außer dem Kurbel-Musik-Kästchen Musik in meiner Präsentation zu suchen? Die Antwort ist relativ einfach:

Sie kann maßgeblich nicht nur die Gesamtstimmung, sondern auch Ihren finalen Erfolg beeinflussen.

Stellen Sie sich vor, Sie sind zu einer großen Präsentation mit 100 Zuhörern und mehr geladen. Voller Freude betreten Sie den Saal, doch dort herrscht Totenstille. Klar, ein paar Stühle quietschen und man hört auch das Geklapper einiger Kaffeetassenlöffel, aber eine angenehme Wohlfühlatmosphäre will bei diesem „Sound" nicht so richtig aufkommen. Wenn hier noch einige weitere Faktoren wie fehlendes Licht, schlechte Luft, überhitzte oder unterkühlte Räume hinzukommen, dann können Sie bei einem solchen Präsentationsstart nur schwer gewinnen. Andererseits, wenn die Räumlichkeiten oder die Stimmung nicht ganz optimal sind, kann eine beschwingte Hintergrundmusik wahre Wunder bewirken. Man betritt ebenso beschwingt den Raum, mental beginnt man innerlich etwas zu swingen. Unser Unterbewusstsein signalisiert uns: „Hey Musik, du bist unter Freunden, fühl dich wohl." Schon haben wir für unsere Präsentation eine völlig andere Ausgangsbasis. Ich persönlich gehe sogar so weit, dass ich diesen tonalen Vorteil selbst in meinen Seminaren mit nur 8 bis 12 Personen nutze. Stets betreten und verlassen meine Teilnehmer mit Musikbegleitung die Seminarräume. Spezielle Gruppenarbeiten werden durch ausgewählte Musik umrahmt und so weiter. Seit Jahren wird dies in den anonymen Feedbackbögen der Teilnehmer meiner Seminare immer als besonders angenehm hervorgehoben. Haben Sie den Mut dazu, probieren Sie es einfach aus.

Musik im Finale Noch offensichtlicher wirkt sich jedoch die Macht der Musik im Präsentationsfinale bei einem größeren Publikum aus. Wenn ich hier meine letzten, verabschiedenden Worte spreche, beginnt bereits Musik zu laufen. Zuerst ganz leise und dann stetig an Lautstärke zunehmend. Mit meinem abschließenden Dank findet die Musik ihre ausgewählte Endlautstärke und beschwingt im 4/4-Takt. Ein solcher 4/4-Takt wird in der Bühnensprache auch als Applausmusik bezeichnet. Sie ahnen schon warum, denn daraus entsteht echte Gruppendynamik.

Unser Unterbewusstsein nimmt diesen Takt auf und schon klatschen die Zuhörer beschwingt mit. Und noch eine Bitte zum 4/4-Takt – verkneifen Sie sich einen historischen Walzer – es darf gerne etwas Moderneres sein. Wenn Sie auf das Highlight „Standing Ovations" aus sind, dann sollten Sie unbedingt diesen Faktor nutzen.

Angewandte Szenario-Technik in der Praxis

Ende 2004 ging ein Aufschrei durch die Presse. Unsere Politiker müssen wieder einmal sparen. Trotz des schlechten Abschneidens in der Pisa-Studie und des deutlichen Lehrermangels käme man nicht daran vorbei, die Lehrmittelfreiheit abzuschaffen. Unter anderem würde dies bedeuten, dass die Eltern sämtliche Bücher aus privater Tasche bezahlen müssten. Hochrechnungen in den Medien über diese enorme Belastung für Familien wurden aufgestellt – kurzum, es wurde ein unangenehmes Szenario präsentiert. Unzählige entrüstete Leserbriefe folgten, Interviews mit Betroffenen und Lehrern dokumentierten die Unzumutbarkeit, Verbände sprachen sich gegen die hohen Summen aus usw. Dieses „Feuerchen" brannte vor sich hin und siehe da, nach einigem Hin und Her kam folgender Kompromiss auf den Tisch: Statt der eingangs vermeintlich unumgänglichen, kompletten Abschaffung der Lehrmittelfreiheit komme jetzt „nur" noch ein Büchergeld. Somit sei lediglich ein Zuschuss zu den Schulbüchern seitens der Eltern notwendig.

Wenn ich einmal mental hinter die Kulissen blicken darf, drängt sich bei mir persönlich der Gedanke auf, dass diese plötzliche Kompromisslösung nicht vielleicht von Anfang an das geplante Ziel gewesen sein könnte? Ich spreche bei Präsentationen von der „angewandten Szenario-Technik". Zuerst malen wir das schlimmstmögliche Bild davon, was auf uns zukommen wird, und dann zaubern wir eine Lösung aus dem Ärmel, die im Vergleich zu diesem Szenario wesentlich weniger schlimm ausfällt. Selbst ein anfangs als hochpreisig empfundenes Produkt kann hier zum Sonderangebot mutieren. Plötzlich kann die Mehrzahl damit leben. Hätten wir diese „Ärmellösung" vorher alleine präsentiert, wäre diese vermutlich niemals durchgekommen. Ich möchte hier unbedingt darauf hinweisen, dass wir uns mit solchen Techniken im eindeutig manipulativen Bereich bewegen. Wenn Sie solche Dinge bei Präsentationen anwenden, dann bitte nicht, um anderen zu schaden. Ich glaube fest daran, dass das Leben ein „Null-Summen-Spiel" ist und alles in irgendeiner Form auf uns zurückfällt.

_____

_____

_____

„Neid ist ein hohes Maß an Anerkennung!
Ministerpräsident Edmund Stoiber zur Neugestaltung des Bayerischen Parlaments in Brüssel, das zahlreiche Bürger aufgrund der enormen Investitionssumme als Königsschloss bezeichneten.

Geplante Zufälle bewusst einbauen

Im professionellen Präsentationsentertainment passieren manchmal Dinge, bei denen der Vortragende derartig schlagfertig, ja sogar genial reagiert, dass man oftmals meinen könnte, dies sei geplant gewesen. Hier eine kleine Information am Rande: „Es war geplant!" Natürlich nicht immer, doch mit Sicherheit sehr oft. Ich denke, dass dies auch nicht verwerflich ist, es geht darum, den Zuhörern ein gutes Gefühl mitzugeben und das ist gut so. Nachstehend fünf Praxisbeispiele aus verschiedensten Bereichen, die diese „geplanten Zufälle" verdeutlichen sollen.

Zeitmanagement Um neun Uhr beginnt meine Präsentation zum Thema „Zeit- und Stressmanagement". Die Zuhörer sitzen bereits zehn Minuten vorher im Raum. Es ist neun Uhr, alle sind da – mit Ausnahme von mir. Es ist eine Minute nach neun Uhr, langsam beginnt mürrisches Getuschel. Dies steigert sich zusehends bis fünf Minuten nach neun. Ich betrete schließlich freudestrahlend den Präsentationsraum und begrüße das etwas angespannt dreinblickende Publikum. Erst als ich bekannt gebe, dass meine Verspätung geplant war und dazugehöre, lichten sich die ersten Gramfalten. Klar, der eine war nur am schimpfen und der andere dachte schon darüber nach, wie er seinen Beschwerdebrief formulieren sollte.
Natürlich gab es auch noch andere im Raum, die sich freuten, noch einige Minuten frei zu haben. Sie versuchten freundschaftliche Kontakte zu knüpfen, erledigten noch ein nettes Telefonat oder genossen noch einige Zeilen im mitgebrachten Taschenroman. Dies ist ein hervorragender Einstieg zur persönlichen Denkhaltung und dem damit verbundenen Umgang mit der Zeit mit einem meiner Lieblingszitate: „Der Kopf ist rund, damit unser Denken die Richtung ändern kann!"

Handyklingeln

Der Vortragende bittet die Gäste zu Beginn seiner Präsentation noch einmal darauf zu achten, dass alle Handys ausgeschaltet sind. Er verdeutlicht wiederholt, dass solche Störfaktoren jede Menge Aufmerksamkeit und damit auch Zeit kosten. Nach seinen weiteren Begrüßungsworten klingelt plötzlich ein Handy. Halten Sie sich fest – es ist das Handy des Gesprächsleiters. Wie peinlich! Obwohl alle versuchen, Haltung zu wahren, kann sich der ein oder andere das versteckte Schmunzeln kaum verkneifen. Der Vortragende geht etwas bedrückt ans Handy, am anderen Ende anscheinend einer seiner Außendienstmitarbeiter: „Was will der Kunde? Für 18.30 Euro will er kaufen?" Er beginnt während des Telefonierens hilflos einen Zettel zu suchen – erfolglos. Da er gerade den Edding von der Seminareröffnung noch in der Hand hat, schreibt er einfach „18.30" auf das Flipchart. „Und das Neue möchte er für 19.80 Euro? Wovon träumt er nachts?" Nun schreibt er wiederum „19.80" auf das Flipchart und bricht das Gespräch dann ab. Stellen Sie sich jetzt die eher gelangweilten Gesichter der Zuhörer vor. Man braucht kein Gedankenleser zu sein, deren Mimik spricht für sich.

Doch plötzlich setzt der Präsentationsleiter ein großes Lächeln auf und meint: „Meine Damen und Herren, sicher ein etwas außergewöhnlicher Beginn für eine Präsentation. Doch außergewöhnliche Leistungen brauchen einen besonderen Start. Ich bin heute der Überbringer einer freudigen Botschaft – 18.30 Euro und 19.80 Euro für die Produkte X und Y sind ab heute kein Traum mehr. Lassen Sie uns jetzt gemeinsam darüber nachdenken, wie viele Ihrer Kunden wir ab morgen glücklich machen möchten!"

Ganz klar, unser Präsentator engagierte jemand, der bei ihm auf dem Handy zum geplanten Zeitpunkt anrief. Oder noch cleverer, stellen Sie einfach die Weckerfunktion am Handy auf die gewünschte Zeit ein.

_____

_____

_____

Schnipsel am Boden

Die Führungskraft betritt den Raum. Alle Mitarbeiter sind bereits anwesend. Es geht um die Präsentation einer Mystery Shopping-Aktion. Eine Maßnahme, bei der ausgewählte Testkunden ein Unternehmen aufsuchen, um anschließend detailliert und schriftlich von ihren Erlebnissen zu berichten. Der Abteilungsleiter geht in Richtung Gang und nimmt dort ein etwa ein mal zwei Zentimeter großen Papierschnipsel mit folgenden Worten auf: „Sehen Sie, werte Kolleginnen und Kollegen, ich bin heute wegen diesem Papierschnipsel zu Ihnen gekommen. Wir alle sind über diesen Gang hereingekommen. Wir alle haben hier am Tisch Platz genommen. Wir alle sind an diesem Papierschnipsel vorbeigelaufen. Keiner von uns hat ihn aufgehoben. Keiner von uns fühlte sich dafür *zuständig*. (P A U S E) Glauben wir, dass unsere Mystery-Kunden völlig andere Erfahrungen gemacht haben? (P A U S E) Ich mache mir selbst den Vorwurf, dass wir vor lauter Rennen die ganz wichtigen Dinge aus dem Auge verloren haben. Lassen Sie uns verlorenes Wissen wieder wecken, ab morgen beginnt unser Jahr der Kundenbegeisterung!"

Klar, dass der Schnipsel am Boden nicht rein zufällig dort lag. Die Führungskraft platzierte diesen ganz gezielt vor der Präsentation. Sie fragen sich, wie seine Argumentation gelautet hätte, wenn jemand den Schnipsel aufgehoben hätte. Eben genau von diesem besonderen Ereignis ausgehend: „Liebe Kolleginnen und Kollegen, hier lag vor wenigen Augenblicken noch ein kleiner Papierschnipsel. Irgendjemand von uns im Raum nahm ihn auf und entsorgte ihn – jemand von uns fühlte sich *zuständig*. Das sind genau die Mitarbeiter, die unsere

Arbeitsplätze sichern, die unser Unternehmen voranbringen. Ich bin stolz darauf, solche Kollegen unter uns zu haben. Dass wir derzeit leider noch nicht alle so denken, zeigt die aktuelle Mystery-Studie ..." Auch wenn der negative Einstieg auf den ersten Blick spannender aussehen sollte – wünschen Sie sich bitte den positiven.

_____

_____

_____

John Kerry

"Ich heiße John Kerry und melde mich zum Dienst", so lautet der erste Satz auf seiner Präsidentschaftswahlkampftour. Gleichzeitig führt er die rechte Hand mit militärischem Gruß zum Kopf und steht stramm. Zuvor haben seine Kameraden aus dem Vietnamkrieg noch einmal seine Heldentaten als Marineoffizier gepriesen. Die anschließende Rede überrascht sogar seine Kritiker – Kommentatoren geben ihm Bestnoten. Doch das absolute Highlight sollte noch folgen.

Alexandra und Vanessa Kerry erzählten Geschichten vom fürsorglichen Familienvater, wie Amerika sie liebt. Vor allem die herzzerreißende Geschichte, wie John Kerry einst einen Hamster rettete, rührte die über 4.500 Delegierten zu Tränen. „Ich glaube, die Hamster-Story hat Kerry mehr geholfen als seine eigene Rede" , sagte Mark Shields, sein Parteifreund, in einem Interview. Und damit hat er es genau auf den Punkt gebracht. Glauben Sie jedoch nicht, dass diese Hamsterstory seinen Töchtern ganz spontan eingefallen wäre. Ich wage zu behaupten, das war wiederum ein „geplanter Zufall". Erinnern Sie sich an die Zaubersprache, die Macht der Emotionen und Bilder. Ein zukünftiger Präsident, der kämpferisch salutiert und zugleich ein Herz für Kinder und auch kleinste Goldhamster hat – das ähnelt schon sehr dem zehnfachen Nutzentrick der Wolldecken-Dampfgeräte-Verkäufer. Den muss man einfach wählen. Oder auch nicht –

zum Schluss hatte trotz genialer Präsentation dann doch noch George Bush die Nase vorn. Böse Zungen behaupten, auch hier seien „geplante Zufälle" mit im Spiel gewesen.

_____

_____

_____

Lance Burton

Lance Burton ist seit dem Ausfall des berühmten Magierduos Siegfried & Roy durch eine Tigerattacke die Nummer 1 am Magie-Showhimmel in Las Vegas. Vor Ort in der Glitzerstadt zählt ein Besuch seiner Magic-Show mit zu den wichtigsten Stationen.

Folgende Situation spielte sich in seiner Show ab: Lance zeigte ein schier unglaublich magisches Wunder. Das Publikum applaudierte und war völlig verblüfft. Der Magier rief darauf den Zuschauern zu (natürlich live in Englisch, hier sinngemäß übersetzt): „Noch irgendwelche Fragen?" Plötzlich ertönte eine Stimme aus dem Zuschauerraum: „Ja, wie geht das?" Lance rief zurück: „Ich könnte es dir erzählen. Aber danach müsste ich dich leider beseitigen!" (Pause) Darauf antwortete der Zuschauer: „Dann erzähl es bitte meiner Frau!" Darauf folgte schallendes Gelächter. Das ist geniales Entertainment. Irgendwann hat Lance in einer seiner Shows sicher eine solche oder eine ähnliche Situation erlebt. Was hat er daraus gemacht? Er bringt dieses Live-Entertainment in jeder Show ein und begeistert das Publikum. Uns geht es übrigens ähnlich. Uns begegnen immer wieder geniale Situationen, Aussagen, Erlebnisse, die perfektes Entertainment für unsere Präsentation bedeuten würden. Der Unterschied zu Lance ist, er behält 90 Prozent davon in Erinnerung und setzt es auch noch um. Wir behalten meist nur 10 Prozent im Gedächtnis und trauen uns manchmal obendrein nicht zu, es zu nutzen. Erinnern Sie sich einfach immer wieder selbst an das größte Zauberwort mit drei Buchstaben ... T.U.N.

*Ihre komplette Profi-Schnell-Checkliste für
Ihre künftigen Präsentationen:*

Publikum

**Ist die Anzahl der bei der Präsentation
anwesenden Personen bekannt?**   ❐ JA   ❐ Nein

**Kennen Sie die Vor- und Nachnamen samt
Position der Teilnehmer bzw. bei
Großpräsentationen zumindest die
der Führungscrew?**   ❐ JA   ❐ Nein

**Haben Sie sich ein aktuelles Detailwissen
über Ihre Zielgruppe angeeignet?**   ❐ JA   ❐ Nein

**Spricht Ihr Publikum überhaupt
Ihre Sprache (Simultanübersetzung)?**   ❐ JA   ❐ Nein

Bringen Sie ein Präsent für Ihre
Zuhörer mit?   ❒ JA   ❒ Nein

_____

_____

Gibt es Vorredner, wenn ja, kennen
Sie deren Thema bzw. Inhalte?   ❒ JA   ❒ Nein

_____

_____

Sind Elemente geplant, die mein
Publikum aktiv einbeziehen?   ❒ JA   ❒ Nein

_____

_____

Ort & Zeit   Ist der genaue Präsentationsort samt
Straße und Postleitzahl festgelegt?   ❒ JA   ❒ Nein

_____

_____

Kennen Sie die Räumlichkeiten,
haben Sie Einfluss darauf?   ❒ JA   ❒ Nein

_____

_____

Ist an die Sitztechnik und
Bestuhlungsform gedacht?   ❒ JA   ❒ Nein

_____

_____

Können Sie das Werkzeug der künstlichen
Verknappung nutzen? ❐ JA ❐ Nein

_____

_____

Können Sie die Kunden
zu sich einladen? ❐ JA ❐ Nein

_____

_____

Sind Beginn und Ende der Präsentation
genau definiert? ❐ JA ❐ Nein

_____

_____

Sind Ihrerseits ausreichend Anreise-
Pufferzeiten eingeplant? ❐ JA ❐ Nein

_____

_____

Haben Sie die Zwischenfall-Handynummer
Ihrer Kontaktperson? ❐ JA ❐ Nein

_____

_____

| Technik | Habe ich mich entschlossen, mit welchem Medium ich präsentieren möchte? (Tischflip, Overhead, Flipchart, Beamer, Video etc.) | ❏ JA | ❏ Nein |

_____

_____

Funktioniert der Overheadprojektor, hat dieser eine Halogenlampe mit Abdeckmaterial?   ❏ JA   ❏ Nein

_____

_____

Habe ich funktionierende, große Flipchartstifte?   ❏ JA   ❏ Nein

_____

_____

Passen beim Beamer die Verbindungs-kabel und Systemvoraussetzungen zusammen?   ❏ JA   ❏ Nein

_____

_____

Ist mein eigener Laptop im Gepäck und bringe ich meine Präsentation zusätzlich auf einem gängigen Datenträger mit?   ❏ JA   ❏ Nein

_____

_____

Habe ich an eine Infrarotfernbedienung
gedacht?   ❐ JA   ❐ Nein

_____

_____

Gibt es ein Beamerersatzgerät bzw.
welche Alternativen habe ich bei
einem Ausfall?   ❐ JA   ❐ Nein

_____

_____

Ist eine entsprechend große Leinwand
vorhanden?   ❐ JA   ❐ Nein

_____

_____

Stimmen die Video-Systemvoraussetzungen
überein?   ❐ JA   ❐ Nein

_____

_____

Brauche ich einen Video- und/oder
DVD-Rekorder?   ❐ JA   ❐ Nein

_____

_____

Ist die Ton-, Licht- und Lufttechnik
geklärt?   ❐ JA   ❐ Nein

_____

_____

Brauche ich Musiktechnik für Pausen-
und Schlusseinspielungen?   ❐ JA   ❐ Nein

_____

_____

Habe ich sämtliche Batterien und
Akkus geprüft?   ❐ JA   ❐ Nein

_____

_____

Liegen Ersatzbatterien bereit?   ❐ JA   ❐ Nein

_____

_____

ICH   Habe ich lautes Vortragen der
             Präsentation trainiert und eventuell
             aufgezeichnet?   ❐ JA   ❐ Nein

_____

_____

Ist meine Sprache so, dass sie auch
ein Elfjähriger versteht?   ❐ JA   ❐ Nein

_____

_____

Sind genügend Nutzen in
meiner Präsentation?   ❐ JA   ❐ Nein

_____

_____

Habe ich bewusstes „Schweigen"
an wichtigen Stellen eingebaut? ☐ JA ☐ Nein

_____

_____

Habe ich an den Humorfaktor in
meiner Präsentation gedacht? ☐ JA ☐ Nein

_____

_____

Gibt es ausreichend gute Bilder/
sprachliche Bilder? ☐ JA ☐ Nein

_____

_____

Sind mein Anfang und mein Schluss
wirkliche Highlights? ☐ JA ☐ Nein

_____

_____

Hat meine finale Aussage etwas
Appellierendes oder Aktivierendes? ☐ JA ☐ Nein

_____

_____

Nutze ich die Zaubersprache
in besonderen Passagen? ☐ JA ☐ Nein

_____

_____

Sollte ich einen „geplanten Zufall"
einbauen? ❒ JA ❒ Nein

_____

_____

Will ich die Verhülltechnik bei dieser
Präsentation einsetzen? ❒ JA ❒ Nein

_____

_____

Habe ich eine „sprachliche Verhülltechnik"
bedacht? ❒ JA ❒ Nein

_____

_____

Trotz allem Präsentainment,
habe ich wichtige aussagekräftigere
Zahlen und Fakten? ❒ JA ❒ Nein

_____

_____

Nutze ich Zeichnungen am Flipchart? ❒ JA ❒ Nein

_____

_____

Gebe ich den Dingen ausreichend Raum
(wenig Text, Abkürzungen, ein Blatt pro
Flipchartbotschaft etc.)? ❒ JA ❒ Nein

_____

_____

Ist meine Kernbotschaft heraus-
gearbeitet? ❏ JA ❏ Nein

_____

_____

Habe ich auf die wichtigsten Einwände
spannende Antworten? ❏ JA ❏ Nein

_____

_____

Kann ich positiven Einfluss darauf nehmen,
dass die Handys ausgeschaltet sind? ❏ JA ❏ Nein

_____

_____

Weiß ich, wie und von wem ich
angekündigt werde? ❏ JA ❏ Nein

_____

_____

Habe ich an eine Kurzpause bei einem
starken Vorredner gedacht? ❏ JA ❏ Nein

_____

_____

Entspricht meine Kleidung
dem Anlass? ❏ JA ❏ Nein

_____

_____

Big-Boss-Entertainment

Habe ich wenig gegessen und ausreichend
Ruhe vor der Präsentation?　　　❑ JA　　　❑ Nein

... dann können Sie nur gewinnen!

„Es ist nicht genug zu wissen, man muss es auch anwenden;
es ist nicht genug zu wollen, man muss es auch tun."
J. W. von Goethe

Kleine Zugabe

Zum Schluss für Sie noch eine kleine Zugabe mit zwei Kurztipps und einem etwas längeren ...

1. Wenn Sie drei Varianten beispielsweise eines Produktes präsentieren und diese auch sichtbar für Ihre Kunden beispielsweise auf den Tisch legen, dann legen Sie Ihr Wunschprodukt in die Mitte. Der Hintergrund ist folgender. Bei einer Auswahl von drei Dingen haben wir Menschen unterbewusst die Tendenz zur Mitte. Dies belegen auch meine Erfahrungen aus der Zauberkunst – bei drei Spielkarten wählen 90 Prozent der Zuschauer die in der Mitte. Wichtig ist dabei, dass Ihrer Zuhörer die drei Möglichkeiten tatsächlich sehen. Sollten Sie diese nur sprachlich vorstellen, funktioniert diese Forciermethode nicht.

2. Sollten Sie zwei oder mehr Produkte/Alternativen Ihrem Publikum sprachlich zur Auswahl anbieten, dann präsentieren Sie Ihre favorisierte Wahl immer als Letzte. Bei der Wahl von zwei oder mehr Entscheidungen tendieren die meisten Menschen unbewusst zu der zuletzt vorgestellten.

_____

_____

3. Wer zu viele Aussagen präsentiert, ohne Sie zu „beweisen" wirkt irgendwann unglaubwürdig.
Achten Sie darauf, wenn Sie neue Produkte, neue Denkweisen etc. mit entsprechenden Behauptungen Ihrem Publikum präsentieren, dass Sie diese auch belegen. Es handelt sich dabei um Aussagen und Handlungen, die Ihre Behauptung stützen bzw. die Zuhörer vom Wahrheitsgehalt überzeugen.

Dazu habe ich mir erlaubt nachstehendes Akronym (ein aus zusammengesetzten Anfangsbuchstaben verschiedener Wörter entwickeltes Wort zu kreieren.). Diese sieben Begriffe sollen Sie dazu anregen, für einzelne, besonders wichtige Aussagen Ihrer Präsentation „Wahrheitsbelege" zu finden:

B eispiel
A nalogie
R eferenz
G utachten
E xperten
L iebe
D emonstration

Ein **Beispiel** aus der Praxis, ist immer ein guter Beleg, vor allem dann, wenn Sie Ross und Reiter auch nennen.

Mit **Analogien** sind auch Parallelen gemeint, die beispielsweise im Tierreich, allgemein in der Natur oder auch anderen Branchen so erfolgreich aufgezeigt werden können (so genannte Benchmarks).

Referenzen können sowohl in schriftlicher, als auch in mündlicher Form angeführt werden (siehe Seite 74).

Gutachten – dazu zählen ebenso aktuelle und repräsentative Statistiken, die Ihre Aussage stützen.

Mit Aussagen von **Experten** oder Persönlichkeiten, die Sie professionell platzieren, können Sie entscheidende Pluspunkte sammeln.

Liebe – vergessen Sie nicht, dass Sie mit Aussagen, die z. B. menschlich-werteorientierte Emotionen auslösen, direkt im Unterbewusst wirken. Das sind Beweise, die kaum ZDFs (Zahlen, Daten, Fakten) brauchen.

Ein Vor-Ort-**Demonstration** zählt sicherlich mit zu den stärksten „Werkzeugen" – so überzeugen Sie auch den letzten Zweifler!

Zum Schluss bleibt mir nur noch einmal der Wunsch, dass Sie mit diesem Buch künftig noch mehr Freude an Ihren erfolgreichen Präsentationen und natürlich an dem zuletzt vorgestellten, neuem „BARGELD" haben.

Ein herzliches Dankeschön ...

möchte ich wiederholt denen sagen, die mich über all die Jahre gefordert und gefördert haben und somit zum Gelingen dieses Werkes beitrugen.

Ein Dank gilt damit den bereits im Seminarbuch „Sim Sala WIN" aufgeführten Personen, die mich bis heute begleiten. Allen voran natürlich meiner Familie, die gerade im Endstadium dieses Buches auf so manche gemeinsame Unternehmung verzichten musste.
Ebenso meinen Teilnehmern an Seminaren, Vorträgen, Einzelcochings und Traineraus- bzw. Weiterbildungen. Zahlreiche kreative Feedbacks und gemeinsam entwickelte Ideen sind mit in dieses Werk eingeflossen.
Unseren vierbeinigen Familienmitgliedern „Smoky" und dem Isi-Pony „Lara" danke ich ebenso. Danke, dass ihr gerade zu Beginn unserer Freundschaft so schwierig wart – ich habe viel von euch über Verhalten, Körpersprache und Feedback gelernt!

... und natürlich auch einen großen Dank an Sie, liebe Leser und Leserinnen. Bleiben Sie gesund, setzten Sie das Wissen dieses Seminarbuchs zauberhaft um und *informieren Sie mich über Ihre Erlebnisse rund um dieses Seminarbuch.*
Erinnern Sie sich stets an die eingangs angeführte Präsentationsspielregel: „Handeln Sie mutig und Sie werden mutig!"

Ich freue mich über Ihre Erfolge!

Ihr
Oliver Alexander Kellner

Kontaktadresse: Trainings, Vorträge, Workshops, Einzelcoaching,
Traineraus- und Weiterbildung:

oliver alexander kellner
haus stossberg 4
87490 haldenwang

e-mail: info@simsalaWIN.de
internet: www.simsalaWIN.de

Buchtipps –
Literaturverzeichnis –
Bezugsadressen ...

Es ist sicher schwierig, begleitend zu einer Trainerlaufbahn stets alle Quellen und Wurzeln eines Werkes zu nennen. Viele Seminarteilnehmer, Kollegen und Kolleginnen haben mich die letzten Jahre durch ihr Handeln und ihre Botschaften kreativ inspiriert – vielen Dank dafür.

In diesem Sinne möchte ich Ihnen nachstehend einfach einige Anregungen und besondere Buchtipps für Ihre persönliche Weiterentwicklung aufzeigen.

Literatur-
empfehlungen:
So geht's Dir gut, Andrew Matthews, VAK Verlag, 2002, ISBN 3-924077-32-0

Kundenverblüffung, Daniel Zanetti, Redline-Wirtschaft-Verlag, ISBN 3-478-81306-9, www.redline-wirtschaft.de

Fun Economy – made by inspired people, Verlag Business Village, Ralf G. Nemeczeck, 2003, ISBH 3-934424-14-7, www.businessvillage.de

Kurzzitate für Führungskräfte, Lothar Schmidt, Ueberreuter Wirtschaft, 2002, ISBN 3-7064-0806-6

Anekdoten, Geschichten, Metaphern für Führungskräfte; Matthias Nöllke, Haufe Verlag, 2002, ISBN 3-448-05216-7

Sagenhafte Geschichten von heute – Die Spinne in der Yucca-Palme ... (Moderne Wandersagen), R. Brednich, Verlag C.H. Beck, 1994, ISBN 3-406-38170-7

Vergessen Sie alles über Rhetorik, Matthias Pöhm, mvg-Verlag, 2002, ISBN 3-478-73231-X

ABC-Kreativ, Techniken zur kreativen Problem-Lösung, Vera F. Birkenbihl, Ariston Verlag, 2002, ISBN 3-7205-2298-9 (bekannte Autorin zahlreicher empfehlenswerter Bücher u. A. „Stroh im Kopf"?)

Heute ist mein bester Tag, Arthur Lassen, LET-Verlag, Telefon: 06181/9775-0, let-verlag.de.

So managet die Natur, Matthias Nöllke, Haufe-Verlag, 2003, ISBN 3-448-05653-7

„Fish", „Noch mehr Fish", „Fish for life"... „Fish" – das außergewöhnlichen Motivationsbuch, erschienen im Redline-Wirtschaft-Verlag

Das Mind-Map-Buch, Tony Buzan + Barry Buzan, mvg-Verlag, 2002, ISBN 3-478-71731-0

Die Macht des Einfachen, Jack Trout & Steve Rivkin, Ueberreuter Verlag, 2002, ISBN 3-7064-0595-4

Der Weg zum Glück, Dalai Lama, Herder Verlag, Freiburg, 2002, ISBN 3-451-27637-2

Worte wie Spuren – Weisheit der Indianer, Herder Verlag, 2002, ISBN 3-451-26933-3

Für Pferdefreunde – „Be strict" und neu „Be strict – im Sattel", Michael Geitner, Müller Rüschlikon Verlag, 2004, ISBN 3-275-01478-1

Bezugsadressen: Lizenzfreie Profi-Fotos – MEV Verlag GmbH, Wolframstraße 3, 86161 Augsburg, Telefon 08 21/5 68 62-0, www.mev.de
Visitenkartentasche – Bindesysteme-Schönherr,
Tel. 04105/861 111, www.schoenherr.de

Stichwortverzeichnis

UMSATZ ZAUBERN!

Ob als Berater gegenüber Kunden oder als Chef gegenüber den Mitarbeitern: Jeden Tag verkaufen wir Ideen, wollen andere begeistern und Kunden gewinnen. Setzen Sie magische Gedächtnisanker und zaubern Sie sich so in das Unterbewusstsein Ihres Gegenübers. Oliver A. Kellner zeigt die professionellen Erfolgswerkzeuge der Kundengewinnung und verrät unterhaltsame und leicht erlernbare Zauberkunststücke, die aus Ihren Anliegen eine mitreißende Business-Show machen.

224 Seiten, Hardcover
ISBN 3-636-01185-5
€ (D) 22,90

Vorsicht: Virus magicus!

Passend zum Buch gibt's die Zauberbox. Der kleine Business-Zauberkoffer ist gefüllt mit vielen Utensilien für die raffiniertesten Tricks. Geeignet für Messezauberei, Verkauf, Präsentationsmagie oder den Gag an der Bar nach einem langen Besprechungstag.

14,5 x 20,7 cm, Box
ISBN 3-8323-0974-8
€ (D) 39,90

Im Set, ISBN 3-8323-0975-6
€ (D) 49,90

REDLINE WIRTSCHAFT

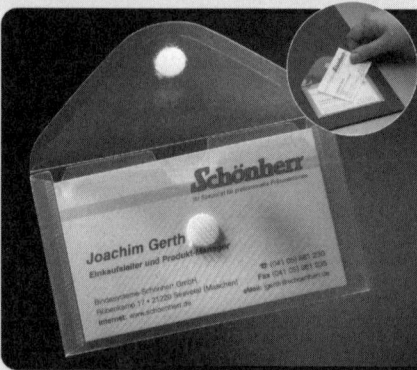

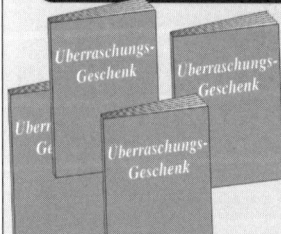

Verkaufen leben lernen nach der SIM SALA WIN - Methode

S = Sehr	
I = Interessierter	
M = Mensch	

 = Persönlichkeit

S = Start-Phase	
A = Analyse	
L = Lebendige Präsentation	
A = Abschluss	

 = V e r k a u f

W = Wirkt	
I = In	
N = Netzwerken	

 = Kunde verkauft

simsala**WIN!**
ERFOLGE ZAUBERN ®

Vorträge • Seminare
Workshops • Einzelcoaching
Traineraus- und Weiterbildung

oliver alexander kellner • info@simsalaWIN.de • www.simsalaWIN.de